Crochet Lace

Crochet Lace

從一枚花樣開始學
蕾絲鉤織

Crochet Lace

風工房

54 種圖樣 &
65 款作品拼接而成的蕾絲鉤織 Life

CONTENTS

★禁止複製及販售本書所刊載的作品（實體店面、網路商店等）。本書作品僅供享受手作樂趣使用。

從一枚圖樣開始

第一次玩蕾絲鉤織
Crochet Lace

雖然小時候也曾用毛線和鉤針鉤織過鎖針，或製作過圖樣，但還是會覺得蕾絲鉤織很困難。

本書選出以簡單的鉤織方法就能製作的圖樣、穗飾、緣飾。樣品是使用2/0號鉤針製作，作品則是使用3/0號以上的鉤針所作成。鉤織蕾絲鉤織時，請比鉤織毛線時，再將線拉緊一些，這樣就能鉤出更漂亮的作品。

既使只有1塊圖樣也很棒。但只要接縫2、3塊圖樣，就能作出小墊布、披巾與手提包等。

小圖樣只要和穗飾與緣飾組合，就能作出小飾物、項鍊及頸飾等，使用方法非常自由多變，可無限延伸。

若各位讀者能參考本書，製作出可豐富日常生活的作品，享受第一次玩蕾絲鉤織的樂趣，將是我莫大的喜悅。

風工房

Hamanaka TiTi Crochet
棉（使用埃及棉GIZA）100%　每球40g　約170m　2/0至3/0號鉤針

Olympus Emmy Grande
棉100%　每球50g　約218m　0號蕾絲針至2/0號鉤針

Darumaings Supima Crochet
棉（Supima）100%　每球25g　約116m　2/0號至3/0號鉤針

Olympus Cotton Cuore
棉（埃及棉）100%　每球40g　約170m　3/0號至4/0號鉤針

Hamanaka Flax C
麻（亞麻）82%・棉18%　每球25g　約104m　3/0號鉤針

Darumaings
Café Organic Crochet 20
棉（有機Supima）100%　每球20g
約80m　2/0至3/0號鉤針

Olympus Linen Nature
麻（亞麻）50%・棉50%　每球25g　約78m　3/0至4/0號鉤針

Hamanaka Flax K
麻（亞麻）78%・棉22%　每球25g　約62m　5/0號鉤針

※圖為實際尺寸。

圓形圖樣

只以鎖針所組成的網狀編簡單又漂亮。

加入小環編就可作出華麗可愛的圓形圖樣。

只要增加鎖針的針數，或增加網狀編的數量，就可以讓圓形越變越大，十分奇妙！

鉤織圖　**01**＝P.10　**02**＝P.68　**03**＝P.69　**04**＝P.14　**05**＝P.15

使用線材◎Hamanaka Flax C　鉤織圖P.68

circle

圖樣 02 小墊布

使用線材◎Olympus Cotton Cuore　鉤織圖P.68

圖樣 03 小墊布

a

b

c

使用線材◎Olympus Emmy Grande　鉤織圖P.69

圖樣 04 披巾

使用線材◎Olympus Cotton Cuore　鉤織圖P.70

圖樣 05 領飾

來鉤織圖樣 01 小墊布吧！

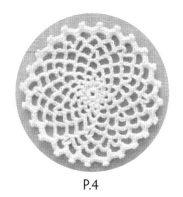

P.4

此圖樣是使用鎖針、引拔針、短針、中長針及長針等五種技法所鉤織而成。因為造型簡單，可方便使用，可將單個織片作為杯墊；接縫4片織片作為小墊布，或接縫大量織片作為披巾等，享受多樣變化的樂趣。基本圖樣是使用Hamanaka TiTi Crochet原色線（2）及2/0號鉤針製作。圖樣直徑為8.5cm。完成1片織片時需鉤完9段，若要組合織片時，則在第8段接縫完後，在第9段進行緣編。

● 基本圖樣　直徑8.5cm　◀=剪線

圖樣的鉤織方法

● 鎖針環編起針

1 以鎖針起針。左手掛線，將線頭繞成一圈（線頭朝下）。

2 以左手的中指和拇指按住線的交叉點，並將鉤針穿過線圈中央後掛線。

3 在線圈中拉線。拉線頭，使線圈收緊。

4 此針不計算為第一針目。

5 鉤針掛線。

6 再將線拉出線圈。

7 重複步驟5與6（即為鎖針編織）。共鉤出6針鎖針。

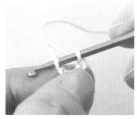

8 將鎖針起針處拿至左側，再將鉤針穿入第1針鎖針的上半針與裡山（2條線）。

9 鉤針掛線，從線圈中引拔。

10 完成6針鎖針環編起針。

● 網狀編　第1段　短針

1 鉤1針立起鎖針。

2 在起針的圓形空隙（稱為束）裡穿入鉤針。

3 鉤針掛線。

4 將線拉出後，再次掛線。

5 將線從2個線圈中引拔，完成1針短針。（步驟2至5的動作，稱為包束）

6 鉤3針鎖針。

7 與步驟2相同，將鉤針穿入束。

8 鉤1針短針，就完成了一個3針鎖針的網狀編。

9 重複10次步驟6至8的「3針鎖針→1針短針」。

中長針

10 以1針鎖針收針。

11 鉤針掛線，穿入起針處的第1針短針。

12 穿入鉤針後掛線。

13 將線引拔，鉤針再次掛線。

14 同時將線從3個線圈中引拔，完成1針中長針。

第2段

1 鉤1針立起鎖針。

2 鉤完前段後，在1針鎖針與中長針的空隙（束）中，穿入鉤針。

3 鉤1針短針後，再鉤3針鎖針。

4 將鉤針穿入前一段的3針鎖針（束）中，鉤1針短針。重複鉤3針鎖針與1針短針。

5 收針時與第1段相同，以1針鎖針與1針中長針，來接續第2段的第1針短針。

第3段

1 鉤1針立起鎖針、1針短針及4針鎖針。

2 重複鉤「1針短針→4針鎖針」10次後，鉤1針短針。

長針

3 收針此段時，需先鉤1針鎖針後，再掛線。

4 將鉤針穿入第3段第1針短針的針頭（2條線）後掛線。

5 將線拉出後，再次掛線，將線從2個線圈中引拔。

6 再次掛線，將線從2個線圈中引拔。

7 完成1針長針。第4段進入5針鎖針的網狀編。

第5段的加針

1 鉤1針立起鎖針後，鉤1針短針。

2 鉤5針鎖針後，以1針短針固定在與步驟1相同的空隙中（增加1山）。

3 重複「5針鎖針→1針短針」2次。

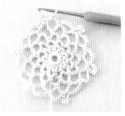

4 在同個網狀編中增加1山。重複步驟3與4。

5 收針時，以2針鎖針與1針長針接續第5段的第1針短針。第6段則進行「1針短針，5針鎖針」的網狀編。

第7段

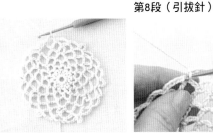

1 起針與第5段相同，增加1山。

2 重複「5針鎖針→1針短針」3次後，即可在同一個網狀編中增加1山。重複以上步驟。

第8段（引拔針）

1 進行1針短針，5針鎖針的網狀編，並以5針鎖針收針。

2 將鉤針穿入第8段的第1針短針後掛線。

3 將線引拔，即完成第8段的收針。

第9段

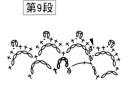

1 將鉤針穿入網狀編（束）中，鉤1針引拔針，再鉤1針立起鎖針。

2 將鉤針穿入束中掛線，並鉤1針短針。

3針鎖針的引拔小環編

3 接著鉤2針短針。

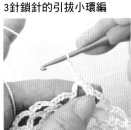

4 鉤3針鎖針。

5 將鉤針穿入在短針的針頭與針腳的1條線。

6 掛線，將線同時從3個線圈中引拔。

7 完成3針鎖針的引拔小環編。

8 在同一個網狀編中鉤2針短針。

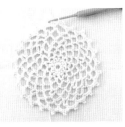

9 在每個網狀編中進行「3針短針→3針鎖針的引拔小環編→2針短針」。

● **處理線尾** 收針

1 拉長最後針目。

2 留下7至8cm的線後剪斷。

3 將線頭緊貼在毛線針的穿線處對摺，然後從針上取下已對摺的線。

4 將對摺線頭穿過毛線針。

5 將線從毛線針中拉出。

6 挑起第9段起針處的第2針短針的針頭（2條線）後，將毛線針自背面穿入。

7 拉線。

8 將毛線針插入第9段的最後1針短針針頭與一半針腳後，自背面穿出。

9 在約1個針目的大小中，將線引拔。

10 圖樣翻至背面，將毛線針穿入2針短針的針腳（4條線）。

11 拉線。

12 將線往回2針短針的針腳。

13 拉線後剪掉線頭。

處理起針處的線端

1 在第1段的2針短針針腳處穿入毛線針後拉線。

2 將線往回繞，並將毛線針穿入2針短針的針腳處。

3 拉線後剪掉線頭。

圖樣完成

正面

背面

織片的接縫方法

先將第1片織片鉤至第8段。
第2片織片則先鉤至第7段。鉤織第8段的同時，需一邊接縫第1片織片，一邊鉤織。

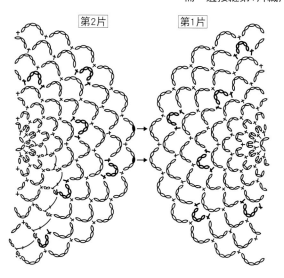

第2片　第1片

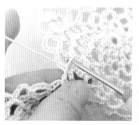

1 2針鎖針，從織片上方將鉤針穿入第1片織片的網狀編空隙中。

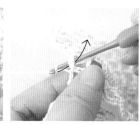

2 穿入後掛線。

3 將線引拔。

4 鉤2針鎖針，並在下一個網狀編上鉤1針短針，接縫第2片織片。

5 以同樣方式接縫下一個網狀編。

13

圖樣 04　P.4

此圖樣是從基本圖樣的短針上，加上3針鎖針的引拔小環編所製作而成，可作出華麗感。基本的鉤織方法與圖樣01（請參考P.10至13）相同。基本圖樣使用Hamanaka TiTi Crochet原色線（2）及2/0號鉤針製作。圖樣直徑為9cm。完成1片織片需鉤出9段，組合織片時則在第8段進行接縫，在第9段進行緣編。

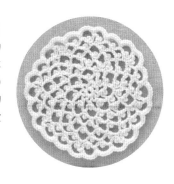

● 基本圖樣　直徑9cm　◀＝剪線

● 在1針短針上鉤織3針鎖針的引拔小環編

1 鉤1針立起鎖針後，鉤1針短針。　**2** 鉤3針鎖針。

● 每一段的收針鉤織法

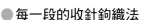

3 將鉤針穿入短針的針頭與針腳（2條線）後掛線。　**4** 將線從3個線圈中同時引拔後，鉤5針鎖針。

1 鉤2針鎖針後，再次掛線。挑起每一段起針處的短針針頭（2條線）。　**2** 穿入鉤針。　**3** 鉤1針長針。

圖樣 07　P.16

此圖樣的鉤織重點是在最後一段的角落處，連續鉤3個引拔小環編。三次都要穿入短針針頭與針腳的1條線後進行鉤織。基本圖樣使用Olympus Emmy Grande原色線（851）及2/0號鉤針製作。圖樣尺寸為8.5×8.5cm。

● 基本圖樣　8.5×8.5cm　◀＝剪線

● 在第8段的四角處進行5針鎖針的引拔小環編

1 與上圖的圖樣04相同，先鉤出3針鎖針的引拔小環編。　**2** 鉤5針鎖針。

基本圖樣是在網狀編的鎖針處，加上3針鎖針的引拔小環編，作出細緻感。收針時，以引拔針連接下一段。基本鉤織方式與圖樣01相同（參考P.10至13）。基本圖樣使用Hamanaka TiTi Crochet原色線（2）及2/0號鉤針製作。圖樣直徑為9.5cm。

圖樣 05　　P.4

● 基本圖樣　直徑9.5cm　◀＝剪線

● 在鎖針上鉤出3針鎖針的引拔小環編

1 鉤出2針鎖針與小環編用的3針鎖針。

2 將鉤針穿入第2針鎖針的半針與裡山後，將線引拔（參考P.20）。

3 鉤4針鎖針與小環編用的3針鎖針。

4 與步驟2的要領相同，在第4針鎖針處將線引拔。

5 鉤2針鎖針後，以包束的方式鉤1針短針，就完成1個加上小環編的網狀編了。

● 從收針到起針的鉤織方法（引拔針）

1 將鉤針穿入起針的短針針頭。

2 鉤針掛線後引拔。

3 將鉤針穿入下一個鎖針的半針與裡山。

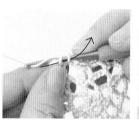

4 鉤針掛線後引拔（引拔針）。

5 鉤至小環編時，從靠近自己的那一側穿入鉤針。

6 將線引拔。

7 將小環編放至另一側，在下一個針目處穿入鉤針。

8 將線引拔。

9 將引拔針的針目穿過小環編的前面。

10 直到下一段的起針處為止，繼續挑起鎖針的半針與裡山，鉤織引拔針。

3 在第1個小環編的相同位置穿入鉤針。

4 將線從3個線圈中同時引拔。

5 在第1個小環編的相同位置，再鉤一次3針鎖針的引拔小環編。

6 完成位於四角的引拔小環編。

四角形圖樣

在織片的角落加入圖案，或是將中心的圓形鉤出稜角，來回鉤織而成。

是擁有多種鉤織方法，且具有多種用途的四角形圖樣。

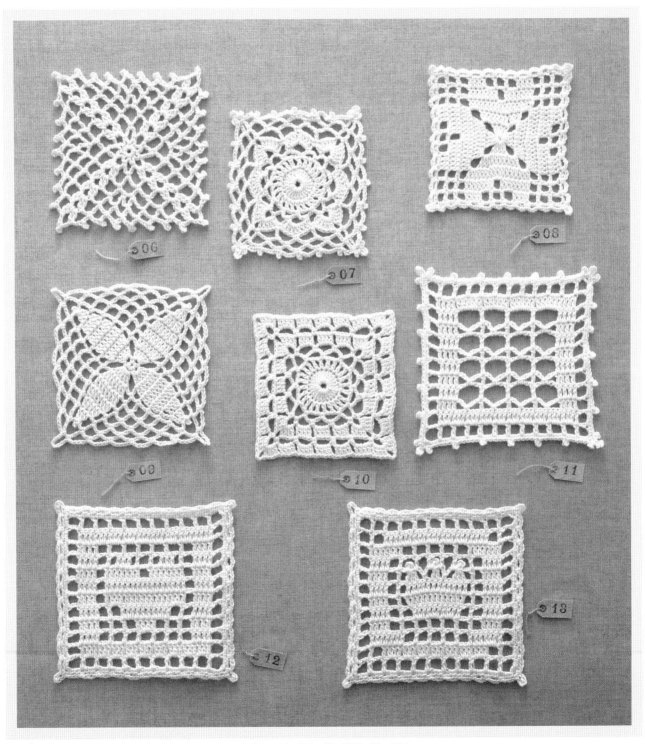

鉤織圖　**06**＝P.20　**07**＝P.14　**08**＝P.72　**09**＝P.73　**10**＝P.75　**11**＝P.76　**12**＝P.77　**13**＝P.24

圖樣 06 餐墊

使用線材◎Olympus Cotton Cuore　鉤織圖P.70

Square

圖樣 07 餐墊

使用線材◎Olympus Cotton Cuore　鉤織圖P.72　蛋杯＝mu・mu*bis

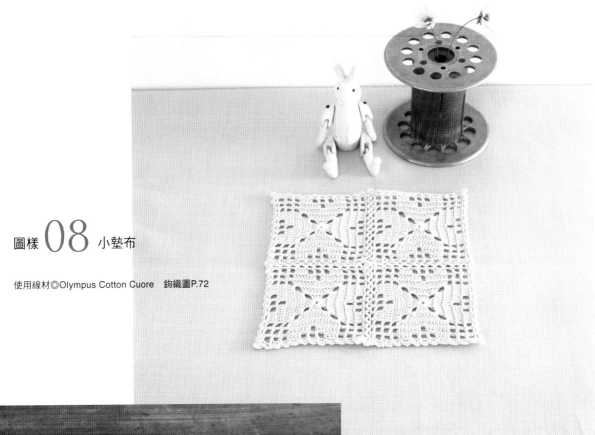

圖樣 08 小墊布

使用線材◎Olympus Cotton Cuore　鉤織圖P.72

圖樣 09 小墊布

使用線材◎Olympus Emmy Grande　鉤織圖P.73

圖樣 **10** 手提包&香氛袋

圖樣 **50·53** 穗飾 **23** 吊飾

手提包使用線材◎Olympus Linen Nature　鉤織圖P.74
香氛袋使用線材◎Olympus Cotton Cuore　鉤織圖P.74
吊飾使用線材◎Darumaings Café Organic Crochet 20　鉤織圖P.74

square

圖樣 06 P.16

此圖樣是使用長針2併針（減針）的鉤織圖。這個技法是將未完成的2針長針同時引拔，讓2針合併為1針。基本圖樣使用Olympus Emmy Grande原色線（051）及2/0號鉤針製作。圖樣尺寸為9.5×9.5cm。

● 基本圖樣　9.5×9.5cm　◀=剪線

P.16

● 第3段
2針長針之玉針

1 第1、2段的鉤織要領與圖樣01相同。鉤1針立起鎖針及1針短針後，再鉤5針鎖針。

2 掛線後，將針穿入前段的鎖針空隙（束）中。

3 鉤針掛線。

4 將線引拔後，再次掛線。

5 將線拉出2個線圈（第1針未完成的長針）。

6 掛線後，將鉤針穿入同一束。再次掛線後，將線引拔。

7 鉤針掛線後，將線從2個線圈中拉出。這是第2針未完成的長針。

8 鉤針掛線，將線從3個線圈中一起引拔。

9 鉤3針鎖針。將鉤針穿入與第1針玉針相同的束中。

10 再鉤1個2針長針之玉針。

● 第7段
在鎖針上加鉤3針鎖針的引拔小環編

11 鉤5針鎖針，以包束的方式在下一個網狀編上鉤1針短針，就完成一個角落了。

12 重複3次相同的方式。

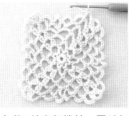
1 鉤1針立起鎖針，再以包束的方式，鉤1針短針。

2 鉤3針鎖針與小環編用的3針鎖針。

3 將鉤針穿入第3針鎖針的半針與裡山。

● 收針

4 鉤針掛線。

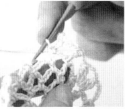
5 將線引拔。

6 鉤2針鎖針，再以包束的方式，鉤1針短針。就完成了1個具有小環編的網狀編。

1 將線從針目中拉出後剪斷。將穿線的毛線針，從另一側穿入起針的短針針頭（2條線）。

2 拉線後，將毛線針穿入收針處的鎖針針目裡。

3 將線拉緊（縮小針目）。

4 將圖樣翻面後，挑起鎖針與短針。

5 拉線。將線往回繞，挑起針目。

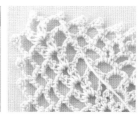

6 拉線，剪斷線端。

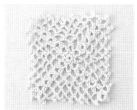

完成收線。

●織片的接縫方法

接縫第2片織片與第1片織片

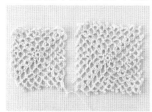

1 第1片織片鉤至第7段即完成。第2片織片則是鉤至第6段，鉤第7段時，需一邊接縫第1片織片一邊鉤織。

2 鉤完2針長針之玉針、3針鎖針及小環編用的1針鎖針後，從第1片織片上，以鉤針穿入束。

3 鉤針掛線。

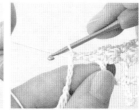

4 將線引拔。

5 鉤1針鎖針。

接縫第3片織片的邊角

6 在第3針目將線引拔（3針鎖針的引拔小環編）。

7 鉤2針鎖針。

8 鉤下一個2針長針之玉針。

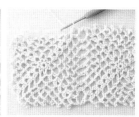

9 接縫邊線至下一個角落。

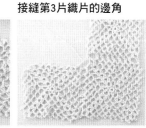

1 接縫完3片織片的情形。

2 找出第2片織片已接縫的引拔針針頭（2條線）上。

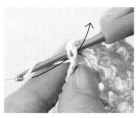

3 將鉤針穿入後掛線。

4 將線引拔。

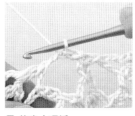

5 鉤出小環編。

6 接縫完3片織片的情形。

接縫第4片織片的邊角

1 接縫第4片織片邊線的情形。

2 將鉤針從上面穿入第2片織片中已接縫的引拔針針頭（2條線）後掛線。

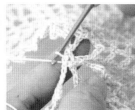

3 將線引拔。

4 鉤出小環編。

圖樣 11 小墊布

使用線材◎Darumaings Supima Crochet　鉤織圖P.76
湯匙＝GENIO ANTICA

圖樣 12・13 小墊布

使用線材◎Olympus Cotton Cuore　鉤織圖P.76
湯匙＝GENIO ANTICA

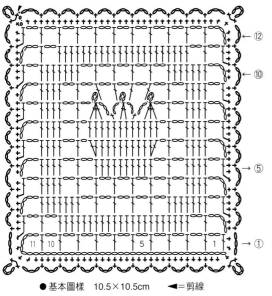

在來回鉤織的圖樣上，使用翻轉正反面的方法進行鉤織。此圖樣需在1個針目中鉤入2針（加針）、長針3併針與長針2併針的技法。基本圖樣使用Darumaings Supima Crochet原色線（2）及2/0號鉤針製作。圖樣尺寸為10.5×10.5cm。

● 基本圖樣　10.5×10.5cm　◀=剪線

● 第1段

1 鉤出34針鎖針＋3針立起鎖針＋2針鎖針（1個格子份），共39針後掛線。

2 將鉤針穿入第10針鎖針的半針與裡山。

3 鉤1針長針。

● 第2段

4 重複10次「2針鎖針→1針長針」。以方眼編的方式鉤出11個格子。

1 收針第1段時，鉤出3針立起鎖針與2針鎖針（1個格子份）後，將織片依箭頭方向旋轉。

2 換至另一面。

3 鉤針掛線後，將鉤針穿入前1段長針的針頭（2條線）。

4 鉤1針長針。

5 鉤出2個格子。鉤至第3個格子時，鉤針掛線，以包束的方式，將鉤針穿入前段2針鎖針的空隙。

6 鉤出1針長針。之後請依照鉤織圖所示進行。

7 收針時以鉤針掛線後，面向背面，將鉤針穿入立起鎖針的第3針半針與裡山。

8 再鉤1針長針。

9 第2段的成品。

● 第3段

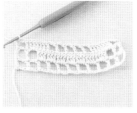

1 收針時以鉤針掛線後，面向正面，將鉤針穿入立起鎖針的第3針半針與裡山。

2 再鉤1針長針。

3 鉤至第3段的成品。之後參考鉤織圖，鉤5段。

● 第6段　在1個針目上鉤入2針長針

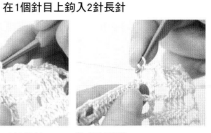

1 鉤1針鎖針，1針長針。

2 鉤針掛線。

● 第8段　長針3併針

3 在步驟1的同一針目中鉤1針長針。

4 背面側也在1個針目中鉤入2針長針。

1 鉤1針未完成的長針（參考P.20）。

2 在每1個針目中鉤入1針未完成的長針，共鉤3針。

3 鉤針掛線。

在長針3併針上鉤織4針鎖針的引拔小環編

4 將線從4個線圈中同時引拔。將3針變成1針，共減2針。

1 鉤出4針鎖針。

2 用鉤針穿入長針3併針的針頭與針腳，共4條線。

3 鉤針掛線。

4 將線從4個線圈中同時引拔。就完成4針鎖針的引拔小環編了。

● 緣編鉤織圖

第1段

5 跳過1針長針，鉤3針鎖針及1針短針。

1 使用收針的線，鉤1針立起鎖針。

2 將鉤針穿入長針針腳的2條線後，掛線。

3 將線拉出，鉤1針短針。（第1針短針）

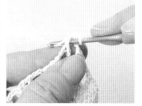

4 以包束的方式鉤出下一個針目。（第2針短針）

5 再以包束的方式鉤出下一個針目。（第3針短針）

6 鉤第4針短針時，將鉤針穿入第12段長針的相同針目內，鉤1針短針。

7 鉤織起針處角落的1針時，需將鉤針穿入鎖針的半針與裡山。

8 鉤1針短針。

9 以包束的方式，鉤2針短針。

第2段

10 在起針的長針處，挑起針頭（1條線）鉤1針短針。

1 以短針鉤完第1段，於起針處鉤1針引拔針結尾後，鉤1針立起鎖針。

2 鉤1針短針。

3 鉤5針鎖針。

4 在步驟2的相同針目上鉤1針短針，之後依照鉤織圖鉤出鎖針與短針即可。

六角形 · 八角形圖樣

雪花結晶、花朵圖樣十分可愛,接縫織片所完成的作品也相當有趣呢!

鉤織圖　**14**＝P.77　**15**＝P.78　**16 · 17**＝P.79

圖樣 **14** 圍巾

使用線材◎Hamanaka Flax C　鉤織圖P.77

圖樣 15 小墊布

使用線材◎Olympus Cotton Cuore　鉤織圖P.78
玻璃杯＝GENIO ANTICA

圖樣 **15** 披肩

使用線材◎Olympus Cotton Cuore　鉤織圖P.78

圖樣 16 小墊布

使用線材◎Olympus Cotton Cuore　鉤織圖P.79

圖樣 **17** 香氛袋

O c t a g o n

使用線材◎Olympus Cotton Cuore　鉤織圖P.79
鞋型物＝mu・mu*bis

花形圖樣

在織片的中心加入平面或立體花朵所完成的圖樣。

四周的網狀編可使對比的花朵更加顯目。

若使用較粗的線材進行鉤織，可加強分量，也更顯可愛。

鉤織圖　**18**＝P.48　**19**＝P.35　**20**＝P.37　**21**＝P.40

圖樣 **18** 披肩

F l o w e r

使用線材◎Hamanaka Flax C　鉤織圖P.48

圖樣 **19** 手提包

F l o w e r

使用線材◎Hamanaka Flax K　鉤織圖P.36
果醬瓶・線軸＝mu・mu*bis

圖樣 19　P.32

此圖樣的重點，在於使用3段來回鉤織的方式鉤出花瓣。只需使用簡單的鉤織技法就能完成的圖樣，非常可愛，希望各位讀者一定要試著鉤看看！基本圖樣使用Olympus Emmy Grande原色線（851）及2/0號鉤針。圖樣尺寸為6×6cm。

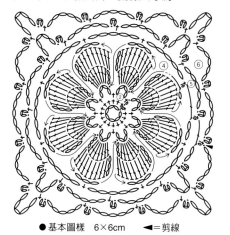

● 基本圖樣　6×6cm　◀＝剪線

● 第3段花瓣鉤織方法

1 以包束的方式鉤出4針鎖針後，鉤1針引拔針移至立起針的位置。

2 鉤3針鎖針。

3 挑起前段的網狀編，以包束的方式，鉤出7針長針。

4 鉤出3針鎖針後，將織片依箭頭方向旋轉。

5 換至另一面。

6 在前段的長針處，鉤出1針長針。

7 1個針目鉤入1針長針，共7針長針。

8 鉤針掛線，將鉤針穿入前段長針與3針鎖針間（束）。

9 以包束的方式，鉤1針長針。

10 第9針長針也在同樣以包束的方式鉤織。

11 鉤3針鎖針，依箭頭方向旋轉織片。

12 換至另一面。

13 在第2段的第二個網狀編內，以包束的方式穿入鉤針。

14 鉤1針引拔針固定。

15 鉤3針鎖針後，重複步驟3至14。

● 第4段

16 在最後一片花瓣的3針鎖針處，鉤1針鎖針。

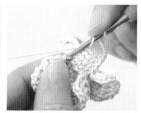

17 鉤針掛線。

18 將鉤針穿入第1片花瓣的網狀編基底處的引拔針目。

19 鉤1針中長針。

1 鉤1針立起鎖針後，以包束的方式鉤1針短針。

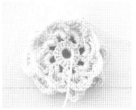

2 鉤5針鎖針。

3 將鉤針以包束的方式，穿入花瓣最後的3針鎖針。

4 鉤1針短針。

5 最後以2針鎖針與1針長針接續。

6 織片背面。

圖樣 **19** 手提包

P.34

準備材料

線 Hamanaka Flax K藍灰色（16）11球260g

針 5/0號鉤針

完成尺寸 寬42.5×深27cm

圖樣尺寸 8.5×8.5cm

鉤織重點 請參考P.35的圖樣，需一邊進行接縫一邊鉤織最後一段。橫向5片，縱向6列，共接縫30片圖樣。將位於包口處的側邊挑起9針，以短針與鎖針鉤織第1段，第2段則從挑起9針減為挑起7針。包身的側邊也挑起指定針數鉤織，以短針鉤出第2段，並進行減針。提把處則是以短針鉤織，以正面相對的方式，與包身疊合。以捲針縫的方式縫合提把，作出筒狀。最後再以藏針縫將提把固定在包身側邊。

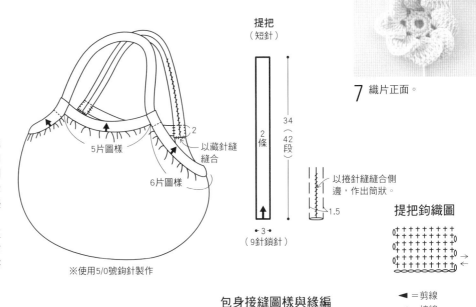

提把（短針）

34（42段）

2條

3（9針鎖針）

以捲針縫縫合側邊，作出筒狀。

1.5

5片圖樣

以藏針縫縫合

6片圖樣

※使用5/0號鉤針製作

7 織片正面。

提把鉤織圖

包身接縫圖樣與緣編

◀ ＝剪線
◁ ＝接線

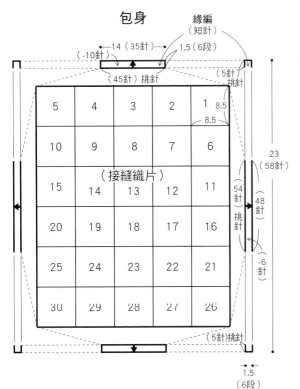

包身

緣編（短針）

—14（35針）—
（-10針）

1.5（6段）

（45針）挑針

（5針）挑針

5	4	3	2	1 8.5
10	9	8	7	6
15	14	13	12	11
20	19	18	17	16
25	24	23	22	21
30	29	28	27	26

（接縫織片）

8.5

23（58針）

54針挑針

48針

-6針

（5針）挑針

1.5（6段）

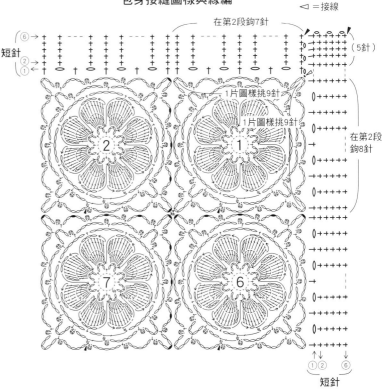

在第2段鉤7針

短針

②①

1片圖樣挑9針

1片圖樣挑9針

在第2段鉤8針

（5針）

①②　⑥

短針

準備材料

線 Olympus Cotton Cuore原色線（1）
1球10g

針 3/0號鉤針・寬3mm的羅紋緞帶
（駝色）：30cm

完成尺寸 寬9×深8cm

鉤織重點 圖樣請參考圖片。鉤好第1片織片後，第2片織片的最後一段需一邊接縫一邊鉤織，並將不需接縫的開口穿過緞帶打結。

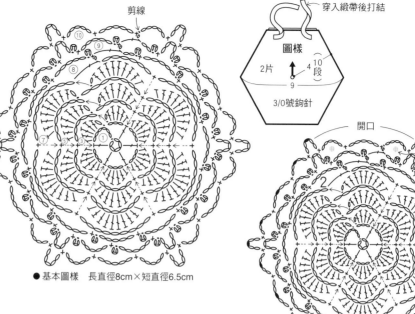

剪線

穿入緞帶後打結

圖樣
2片　4 10
　　　9 段

3/0號鉤針

開口

緞帶
穿入處

● 基本圖樣　長直徑8cm×短直徑6.5cm

立體三層花瓣圖樣給人深刻的印象。圖樣的製作方法很簡單，就算不使用引針鉤織基底的網狀編也能完成。基本圖樣使用Olympus Emmy Grande原色線（851）及2/0號鉤針。圖樣尺寸為長直徑8cm×短直徑6.5cm。

將2片織片背面相對，鉤織第2片織片時，在網狀編的鎖針第3針目處，將鉤針穿入第1片織片的網狀編上，鉤鎖針並以引拔固定。

● 圖樣鉤織方法

1 第1段與第2段需按照鉤織圖鉤織。

2 鉤出第3段的基底網狀編。鉤5針鎖針。

3 將花瓣往前倒放，以鉤針穿入第1段長針的針頭（2條線）。

4 鉤1針短針。

5 重複步驟2至4。收針時在第1個網狀編上將線引拔。圖為織片背面。

6 第4段的收針時，在第3段的網狀編上鉤1針引拔針。

7 第5段的網狀編與第6段的花瓣皆以相同方式鉤織。

8 完成第7段的織片背面。

● 接縫圖樣

1 先鉤好1片織片。第2片織片先鉤至第9段。

2 接縫一個側邊，將兩片織片正面相對，再將鉤針穿入第1片織片。

3 鉤針掛線。

4 將線引拔。

5 一直接縫至側邊的末端。

6 接好一個側邊。對摺織片。

7 對摺之後，再將鉤針穿入第1片織片，進行引拔。需留開口。

圖樣 **20** 香氛袋

使用線材◎Olympus Cotton Cuore　鉤織圖P.37
大・小玻璃瓶＝GENIO ANTICA

圖樣 21 領飾

使用線材◎Olympus Cotton Cuore
鉤織圖P.40

準備材料

線 Olympus Cotton Cuore駝色（2）1球
22g / 基本圖樣：Olympus Emmy Grande
原色線（851）

針 3/0號鉤針 / 基本圖樣：2/0號鉤針

完成尺寸 9×6.3cm（只有主體）

圖樣尺寸

直徑9cm・基本圖樣：直徑8.5cm

鉤織重點

先鉤好第1片織片，從第2片織片開始，
每一片織片先鉤至第7段，一邊接縫指定
位置一邊鉤織。接縫的方法：以包束的方
式，將鉤針穿入網狀編，並以引拔針接
縫。繩線則使用穗飾22，在指定位置接線
後鉤織，並以引拔針收線。

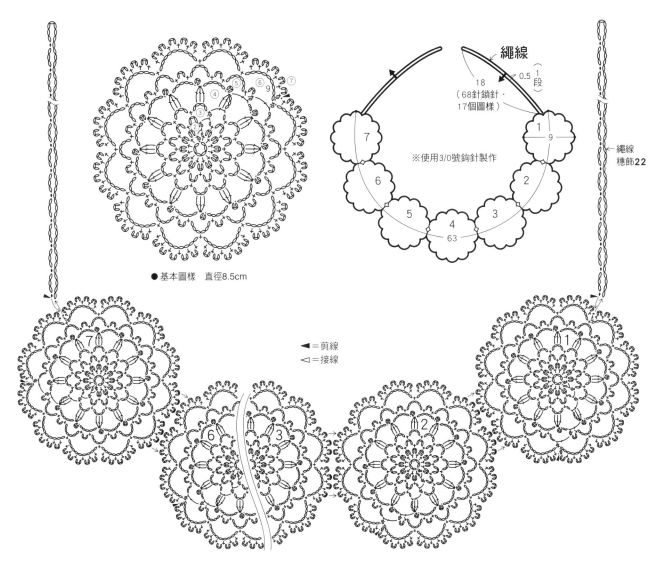

● 基本圖樣　直徑8.5cm

繩線

※使用3/0號鉤針製作

◀＝剪線
◁＝接線

繩線
穗飾22

圖樣22至28 使用線材◎Darumaings Supima Crochet原色線（2）
圖樣29至33 使用線材◎Olympus Emmy Grande原色線（851）

使用2/0號鉤針

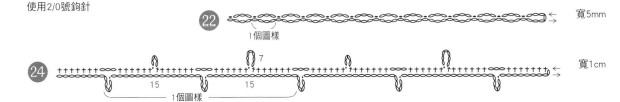

22　寬5mm

1個圖樣

24　寬1cm

15　　　15

1個圖樣

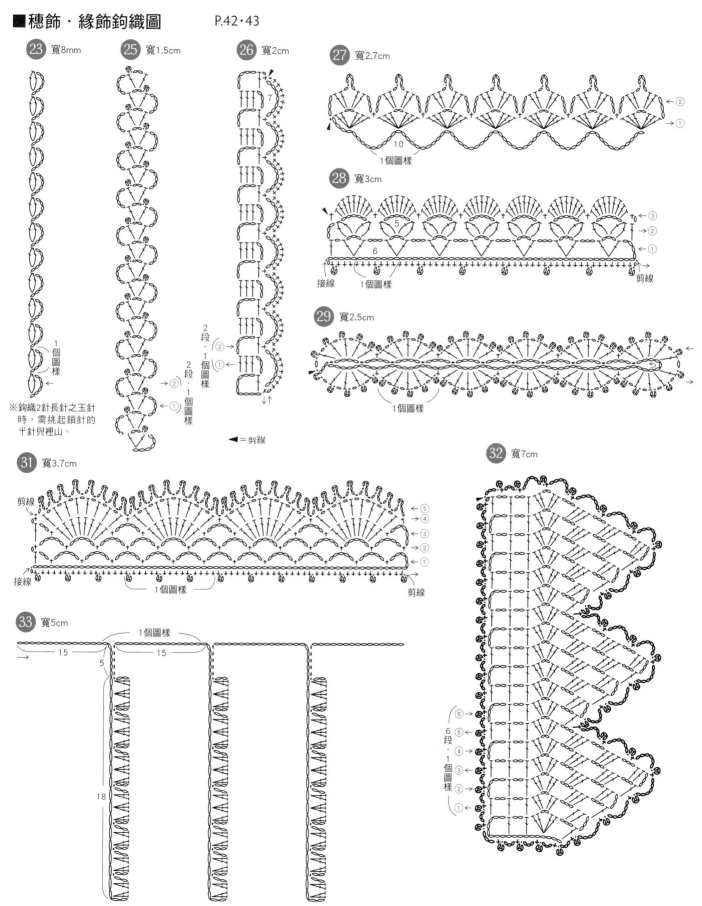

■穗飾・緣飾鉤織圖　　P.42・43

㉓ 寬8mm　　㉕ 寬1.5cm　　㉖ 寬2cm　　㉗ 寬2.7cm

㉘ 寬3cm

㉙ 寬2.5cm

㉛ 寬3.7cm

㉜ 寬7cm

㉝ 寬5cm

※鉤織2針長針之玉針
　時，需挑起鎖針的
　半針與裡山。

◀ ＝剪線

接線

剪線

穗飾 & 緣飾

從以簡單鉤織技法就能完成的繩狀物，以鎖針鉤成的鏈環，到可懸掛的捲狀物，不但可作
為裝飾，接縫於亞麻類製品或洋裝的緣飾，單獨使用也很可愛，還可有多種變化樂趣喔！
像是將細繩狀的緣飾鉤織得很長很長，再將其一層一層捲起，或將扇型緣飾運用在手環、
袖口，或作為帽子的緞帶等等。
寬幅較大的緣飾也可以使用較粗的線材鉤成頸飾唷！

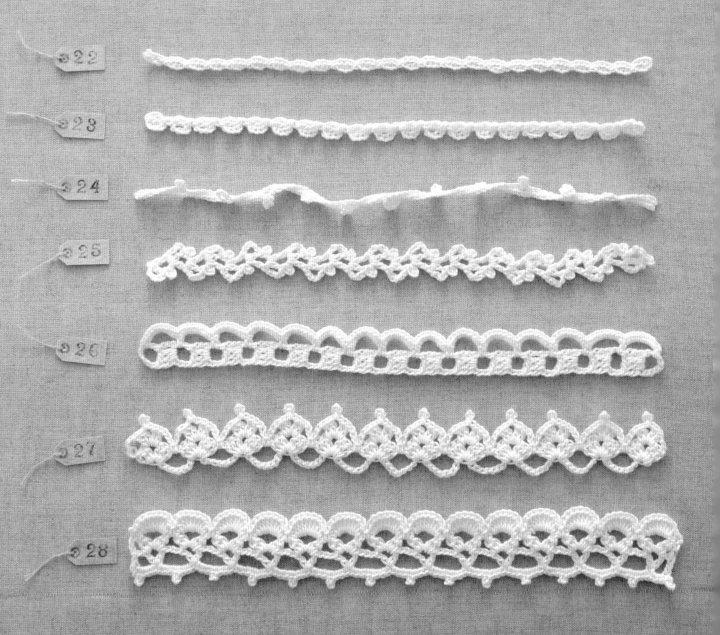

鉤織圖　**22・24**＝P.40　**23・25～29・31～33**＝P.41　**30**＝P.44

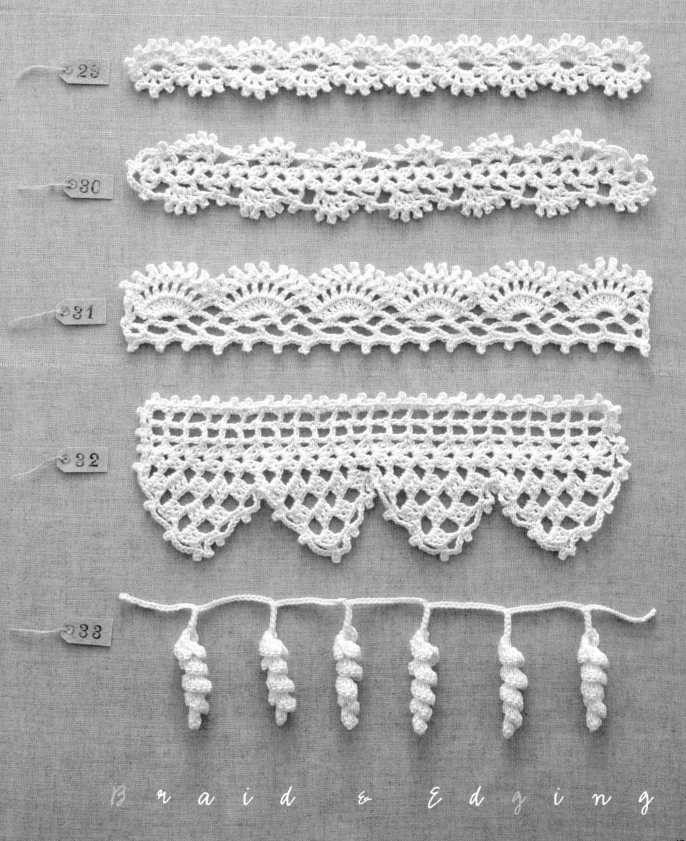

在以縱向鉤織而成的織片兩側加上鉤織。
使用線材是Olympus Emmy Grande原色線（851），使用2/0號鉤針，成品寬為3.5mm。

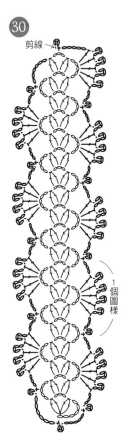

30

剪線

1個圖樣

1 鉤完縱向段，接著鉤織左端的針目。

2 從收針處鉤出6針鎖針後，以包束的方式，挑起縱向段的鎖針。

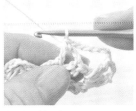

3 鉤1針短針。

4 在步驟3的短針上，鉤出3針鎖針的引拔小環編後，再鉤3針鎖針。

5 鉤針掛線後，以包束的方式，挑起縱向段的鎖針。

6 鉤1針長針。

7 鉤1針鎖針與3針鎖針的引拔小環編。

8 重複3次步驟6與7後，鉤1針長針與3針鎖針。

9 在下一個縱向的鎖針上，以包束的方式，鉤1針短針與3針鎖針的引拔小環編。

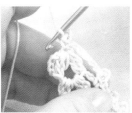

10 於左端收針時，挑起鎖針起針處（第1針）的半針鎖針後，鉤1針短針。

11 右端與左端的作法相同，以包束的方式，挑針後鉤織。

12 完成。

準備材料

線 Hamanaka Flax C：**29**＝藍灰色（6）1球18g／**31**＝深藍色（7）2球27g

針 3/0號鉤針

完成尺寸

穗飾**29**：3×130cm

緣飾**31**：5×140cm

鉤織重點

鎖針起針，挑起鎖針的半針與裡山鉤織。以包束的方式，鉤織前段鎖針。長度可依喜好，自由調整圖樣的數量唷！

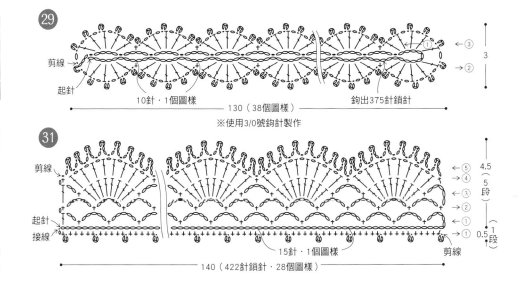

1 鉤23針鎖針與2針立起針。

2 挑起4針鎖針的上半針後，鉤1針長針。

3 在同一針目中鉤1針長針，下一個針目則是鉤2針長針及2針鎖針。

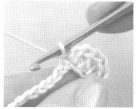

4 下一個針目鉤1針引拔針，就完成1枚配件。

5 以相同要領鉤出3枚配件。

6 第4枚配件開始加針，鉤出較大的配件。

7 繼續往下鉤，即可讓織片自然捲起。

8 在第7枚配件收針時，將鉤針穿入已鉤了長針的鎖針裡。

9 將線引拔。

10 挑起鎖針的半針與裡山，並在作為軸心的鎖針上以引拔針回編。

11 完成。

緣飾 28
穗飾 29・30 手環
P.47

準備材料

線 28＝Darumaings Café Organic Crochet 20駝色
（2）：5g

Hamanaka Flax C深藍色（7）：**29**＝3g / **30**＝4g

直徑1.5cm的鈕釦 **28**＝2個 / **29・30**＝1個

針 3/0號鉤針

完成尺寸

緣飾**28** 3.5×18cm

穗飾**29** 3×19cm

穗飾**30** 4.5×19cm

鉤織重點

28・29 鎖針起針，挑起鎖針的半針與裡山鉤織。

30 請參考P.44的步驟進行鉤織。以包束的方式，鉤織前段鎖針。

30

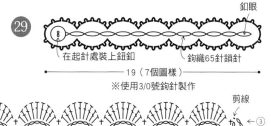

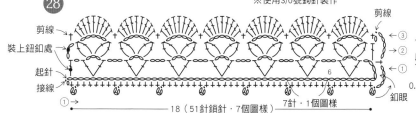

穗飾 **29** ・ 緣飾 **31** 蕾絲緞帶

使用線材◎Hamanaka Flax C　鉤織圖P.44
明信片＝mu・mu*bis

穗飾 **28**‧
穗飾 **29‧30** 手環

使用線材◎**28**＝Darumaings Café OrganicCrochet 20 / **29‧30**＝Hamanaka Flax C　鉤織圖P.45

準備材料

線 Hamanaka Flax C淺紫灰色（5）3球
56g／基本圖樣：Olympus Emmy Grande原
色線（851）

針 3/0號鉤針／基本圖樣：2/0號鉤針

完成尺寸 80×20cm

圖樣尺寸

10×10cm／基本圖樣：8×8cm

鉤織重點

鎖針環編起針。以包束的方式，鉤織前段
鎖針。最後一段請參考P.21，一邊接縫一
邊鉤織。

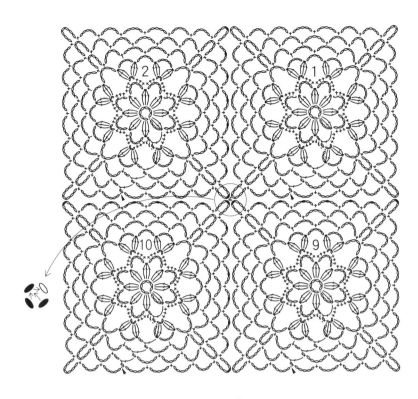

● 基本圖樣　8×8cm　◀＝剪線

3/0號鉤針								
8	7	6	5	4	3	2	1	10
								10
16	15	14	13	12	11	10	9	20

80

42 e 3片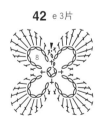

50-b e・f 各4片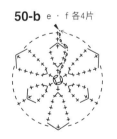

34 e・f 各3片

52-b e 3片

53 e 3片　裝上鏈子

51 e 3片

46-b f 2片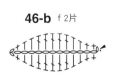

39 f 1片

43 f 2片

38-a f 2片

38-b f 3片

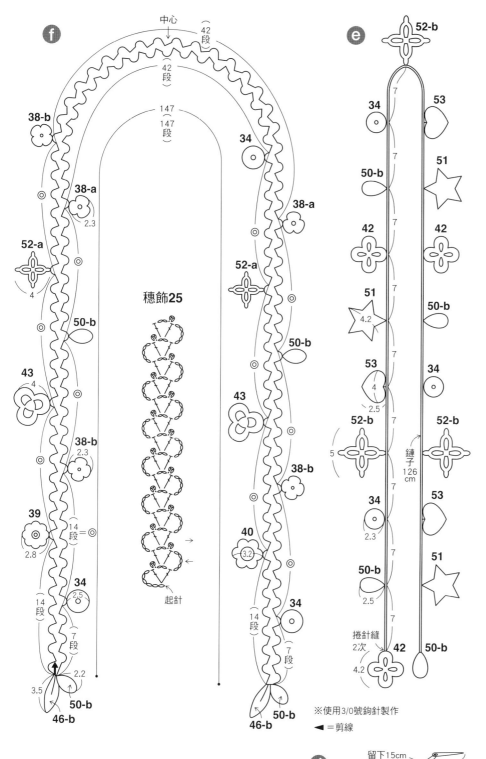

f

中心

（42）段
（42）段
（147）（147）段

38-b
38-a
2.3
52-a
4
50-b
43
4
38-b
2.3
39
2.8
34
2.5
（14段）＝
（14段）
（7段）
2.2
3.5
50-b
46-b

穗飾25

起針

38-a
34
34
52-a
43
38-b
40
3.2
34
（14段）
（7段）
50-b
46-b

※使用3/0號鉤針製作
◀＝剪線

e

52-b
34
7
50-b
7
42
7
51
4.2
53
4
2.5
52-b
5
34
2.3
50-b
2.5
捲針縫2次

53
51
42
50-b
34
52-b
鏈子126cm
53
51
42
4.2
50-b

7
7
7
7
7
7
7
7

d・e・f 緞帶・頸飾
P.63

準備材料

線　**d**＝Darumaings Café Organic Crochet 20黃駝色（4）1球16g / Hamanaka Flax
C：**e**＝藍灰色（6）1球15g・**f**＝藍色（8）1球18g

e＝無光澤的鏈子126cm

針　3/0號鉤針

完成尺寸

d：長128cm / **e**：約長133cm / **f**：長154cm

鉤織重點

各圖樣需留下約15cm的線收針，利用此線以2次捲針縫接縫配件。當收針的線頭與接線處距離較遠時，可將線穿進圖樣的背面，移動至接線處。

d 圖樣47的鉤織圖：挑起鎖針的半針與裡山鉤織，鉤好一面，再挑起半針，反向鉤織另一面。周圍的短針則是以包束的方式，鉤織前段鎖針。

e 鉤出各圖樣的指定片數後，裝於鏈子的指定處上。

f 先鉤織穗飾25，作為主體，再鉤上各個指定圖樣的片數。

52-a f 2片

40 f 1片

d

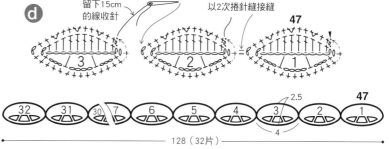

留下15cm的線收針
以2次捲針縫接縫

47

3
2
1
47

32 31 30 7 6 5 4 3 2 1
2.5
4
128（32片）

49

Edging

緣飾 28·31 領飾

使用線材◎Hamanaka Flax C　鉤織圖P.52

緣飾 **32** 披巾

使用線材◎Olympus Linen Nature　鉤織圖P.52

準備材料

線

領飾 Hamanaka Flax C原色線（1）1球
12g／駝色（2）1球10g

披巾 Olympus Linen Nature原色線
（1）2球50g

寬2cm的蕾絲：70cm（僅領飾使用）

針 領飾：3/0號鉤針／披巾：4/0號鉤針

完成尺寸

領飾：5.5×54cm（只有主體）

披巾：10.5×137cm

鉤織重點

領飾 緣飾**28·31**：鎖針起針，挑起鎖針的半針與裡山鉤織。以包束的方式，鉤織前段鎖針。起針的另一側也以包束的方式鉤織。將緣飾**31·28**依照順序重疊後，在兩端縫上蕾絲。

披巾 鉤織緣飾**32**，作為主體後，鉤織周圍。

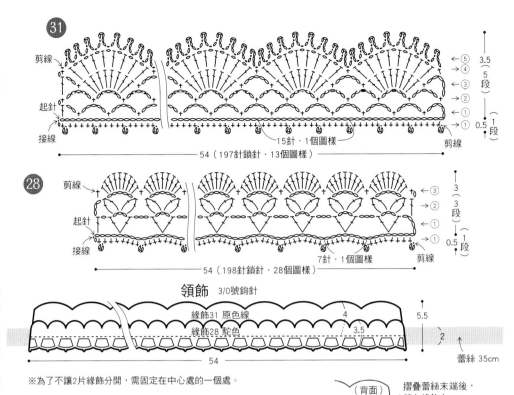

將各圖樣收針的線穿入背面，移動至接縫處。接縫的方法：以捲2次的捲針縫固定在主體。在背面將線頭打成死結，再將線頭穿進針目中剪斷。

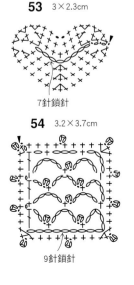

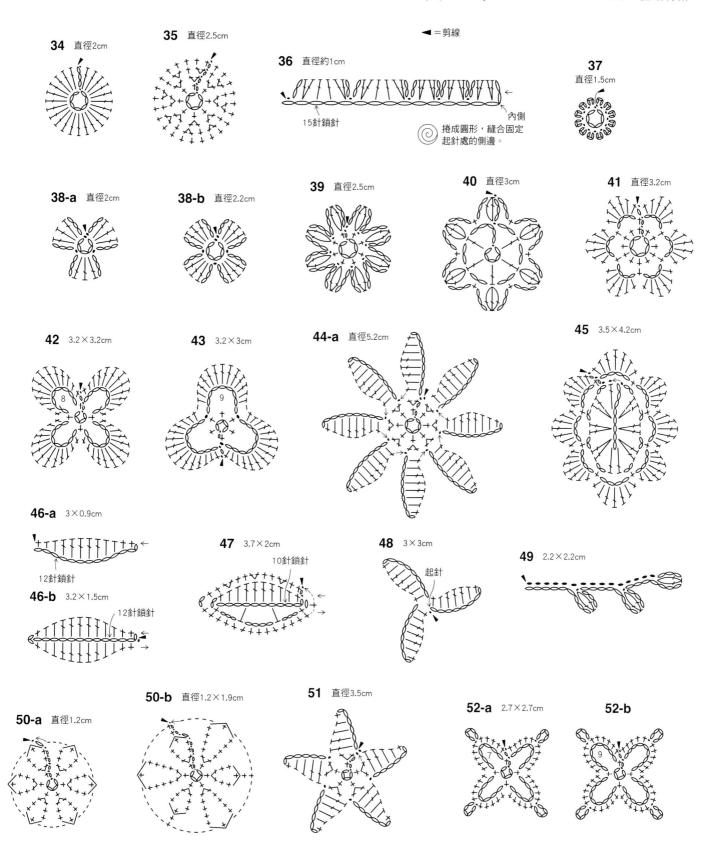

◀＝剪線

34 直徑2cm

35 直徑2.5cm

36 直徑約1cm
15針鎖針
內側
捲成圓形，縫合固定
起針處的側邊。

37 直徑1.5cm

38-a 直徑2cm

38-b 直徑2.2cm

39 直徑2.5cm

40 直徑3cm

41 直徑3.2cm

42 3.2×3.2cm

43 3.2×3cm

44-a 直徑5.2cm

45 3.5×4.2cm

46-a 3×0.9cm
12針鎖針

46-b 3.2×1.5cm
12針鎖針

47 3.7×2cm
10針鎖針

48 3×3cm
起針

49 2.2×2.2cm

50-a 直徑1.2cm

50-b 直徑1.2×1.9cm

51 直徑3.5cm

52-a 2.7×2.7cm

52-b

小圖樣

此單元收集了圓形（球狀）、玫瑰花、小花、雛菊、葉子、小樹枝、果實、星星、十字架、心型及郵票等多種小巧可愛的圖樣。這些圖樣都留下很長的線進行收針，可作為書籤使用，只需一些線即可簡單鉤出，試著鉤出許多不同的東西吧！
當作禮物也十分合適喔！

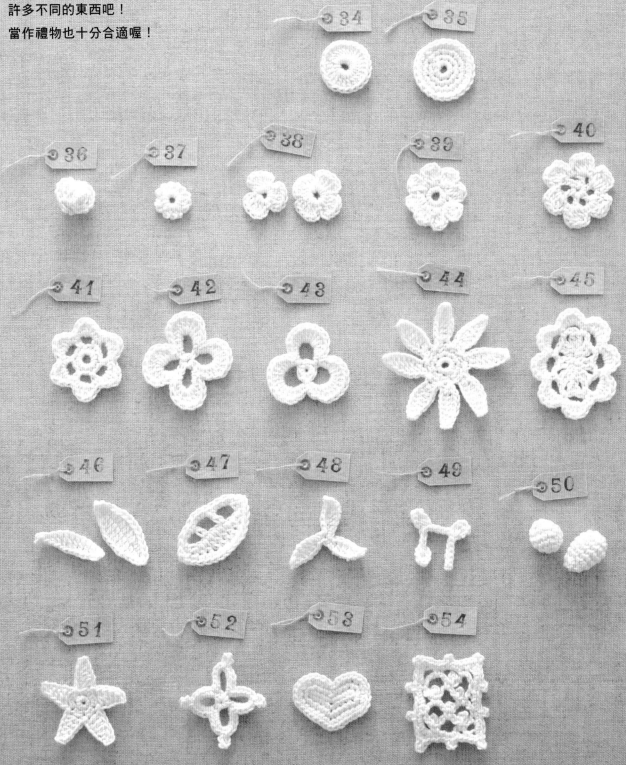

鉤織圖　34〜52＝P.53　53・54＝P.52

a 圖樣 34．38．39．40．41 項鍊

b 圖樣 52 項鍊

c 圖樣 37．44 別針

使用線材◎Olympus Cotton Cuore　鉤織圖P.56

Tiny motif

準備材料

線　Olympus Cotton Cuore黑色（12）：
a＝5g / b・c 各少許
附釦環的鏈狀項鍊：a＝60cm / b＝43cm
c＝寬1.7cm的別針
針　3/0號鉤針

完成尺寸

a：長60cm / b：長43cm / c：直徑5.5cm

鉤織重點

項鍊：先收拾各圖樣的線尾後，用縫線
　　　以2次捲針縫接縫在項鍊。

別針：用收針時的線頭，將圖樣37重疊
　　　在圖樣44上，並以藏針縫固定
　　　後，在背面裝上別針。

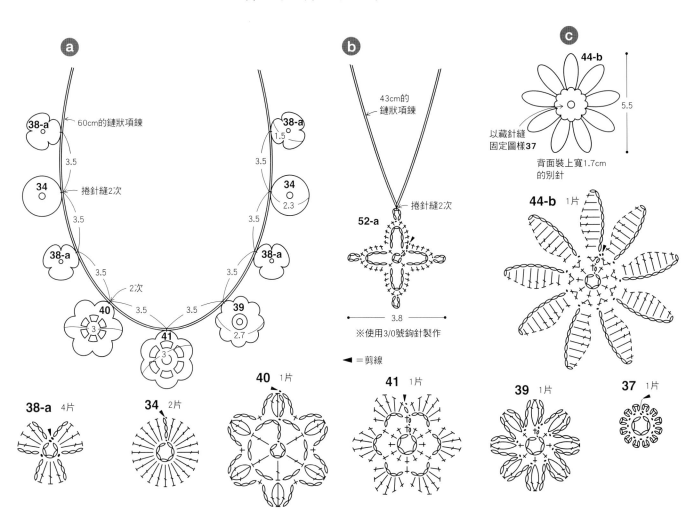

準備材料

小型圖樣的飾品

P.58・P.59

線　Hamanaka Flax C：a・b・d・g
＝原色線（1）少許 / c・e・f・h＝
淺紫灰色（5）少許 / i・l・p・r＝
深藍色（7）少許 / q＝藍灰色（6）少
許

配件　a・b・h・p：寬4cm的別
針 / c：鉤式耳環 / d・e・r：戒指 /
f：金屬戒指 / g：鏈狀耳環 / h：蕾絲
緞帶8×7cm / i：寬1.7cm的別針 / l：
耳環（附台座）/ q：手鏈（附釦環）
18cm

針　3/0號鉤針

完成尺寸　請參考圖片

鉤織重點

將各圖樣留下15cm的線收針，將此線以
2次捲針縫接縫配件。若收針時線頭離
接縫處較遠，可將線穿過背面，移動至
接縫處。最後以接著劑貼上圖樣，並將
起針的線頭縮縫於中心處即可。

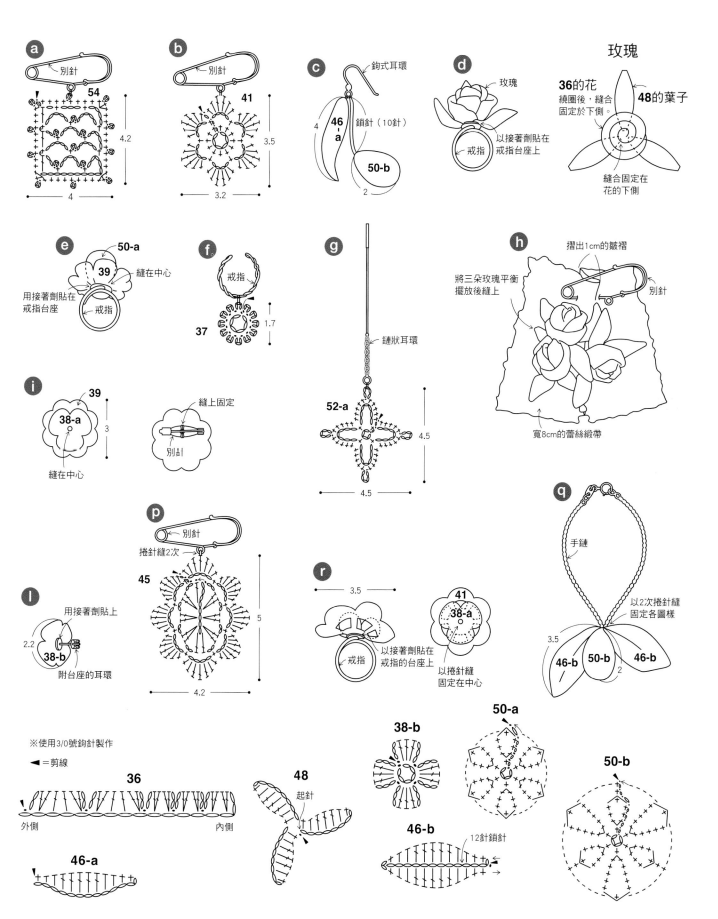

玫瑰

別針

54
4.2
4

別針

41
3.5
3.2

鉤式耳環
46-a
鎖針（10針）
4
50-b
2

玫瑰
以接著劑貼在戒指台座上
戒指

36的花
繞圈後，縫合固定於下側。
48的葉子
縫合固定在花的下側

50-a
39
縫在中心
用接著劑貼在戒指台座
戒指

戒指
37
1.7

鏈狀耳環

52-a
4.5
4.5

摺出1cm的皺褶
將三朵玫瑰平衡擺放後縫上
別針
寬8cm的蕾絲緞帶

39
38-a
3
縫在中心

縫上固定
別針

別針
捲針縫2次
45
5
4.2

手鏈
以2次捲針縫固定各圖樣
3.5
46-b
50-b
46-b
2

用接著劑貼上
2.2
38-b
附台座的耳環

3.5
戒指
41
38-a
以接著劑貼在戒指的台座上
以捲針縫固定在中心

※使用3/0號鉤針製作
◀ =剪線

36
外側
內側

46-a

48
起針

38-b

46-b
12針鎖針

50-a

50-b

使用線材◎Hamanaka Flax C　鉤織圖P.56

a　圖樣 54 別針	h　圖樣 36・48 別針	o　圖樣 50 手鏈
b　圖樣 41 別針	i　圖樣 38・39 別針	p　圖樣 45 別針
c　圖樣 46・50 耳環	j　圖樣 53 別針	q　圖樣 46・50 手鏈
d　圖樣 36・48 戒指	k　圖樣 34・38・49・50 別針	r　圖樣 38・41 戒指
e　圖樣 39・50 戒指	l　圖樣 38 耳環	s　圖樣 50 戒指
f　圖樣 37 戒指	m　圖樣 46・49・50 耳環	t　圖樣 35・50 戒指
g　圖樣 52 耳環	n　圖樣 49 耳環	u　緣飾 33 項鍊

i

j

k

p

q

l

m

n

r

s

t

o

u

使用線材◎Hamanaka Flax C

鉤織圖　i・l・p・q・r=P.56　j・k・m・n・o・s・t=P.61　u=P.65

圖樣 50

P.54

50-a

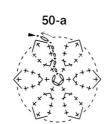

1 依照鉤織圖鉤至第4段後，以1針引拔針結尾。

2 翻至內側，以毛線針穿過第1段的短針針目。

3 拉線。

4 回頭挑起2條線後拉線。

5 翻回正面，將起針的線頭整理成球狀後塞入。若線頭不夠，可將線材捲成球狀塞入填充。

6 將鉤針穿入針目。

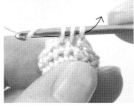

7 引拔完1個針目後，引拔下一針目（2針未完成短針）。鉤針掛線。

8 將線從3個線圈中同時引拔，使2針變1針（短針2併針）。並重複此步驟5次。

●最後的線尾處理

9 最後將鉤針穿入開始的短針2併針後，將線引拔。

10 將線再次引拔。

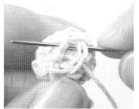

1 在將毛線針穿入對面的鎖針針頭（2條線）後拉線。

2 接著將毛線針穿入隔壁針目的對面針目後拉線。

3 將毛線針穿入剩下的針目後拉線。

4 將線拉緊。用線繞毛線針2圈後，將線引拔。

5 完成。

圖樣 53

P.54

53

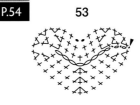

1 挑起起針鎖針的半針與裡山後，鉤織短針。並在兩端鉤入2針。

2 相反邊也是挑起半針鎖針鉤織。

3 鉤好第2針的情形。

4 中央則在1針上鉤入3針短針。

5 收針時，挑起第1針的短針針頭，鉤1針引拔針。

6 一直鉤短針到第2段中央的1針前。

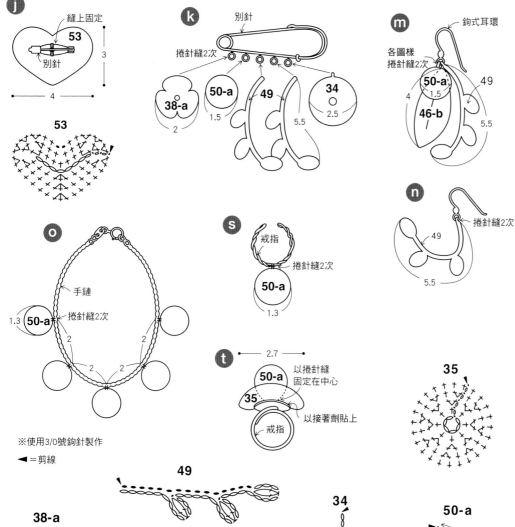

準備材料

線 Hamanaka Flax C：j．n．o．t＝藍色（8）少許 / k．s．t＝深藍色（7）少許 / m＝藍灰色（6）少許

配件 j：寬1.7cm的別針 / k：寬5cm附有5個固定釦子繩圈的別針 / m．n：鉤式耳環 / o：附釦環手鏈18cm / s：金屬戒指 / t：戒指

針 3/0號鉤針

完成尺寸 請參考圖示

鉤織重點

中心起針的環如果變大時，就要將起針的針數減少1針。各圖樣需留下約15cm的線收針，並以此線用2次捲針縫接縫配件。收針時，線頭若離接縫處較遠，可將線穿過圖樣的背面，移至接縫處。

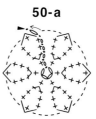

7 跳過中央的1針後，鉤1針短針。

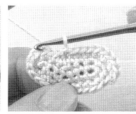

8 鉤至第2段的情形。

9 以引拔針鉤織第3段中央的2針。

10 鉤至第3段的情形。

11 請參考P.12．P.13，處理線尾。

a 圖樣 34・43・46・50 穗飾 24 緞帶

b 穗飾 23・緣飾 33 套鍊

c 圖樣 46・穗飾 22 項鍊

d 圖樣 47 緞帶

e 圖樣 34・42・50・51・52・53 頸飾

f 圖樣 34・38・39・40・43・46・50・52 穗飾 25 頸飾

使用線材◎a＝Olympus Linen Nature
b＝Hamanaka Flax C
c＝Darumaings Café Organic Crochet 20
鉤織圖 P.64
帽架＝mu・mu*bis

d

e

f

使用線材◎**d**＝Darumaings Supima Crochet 20　**e・f**＝Hamanaka Flax C　鉤織圖P.49

準備材料

線 **a**：Olympus Linen Nature駝色（2）1球15g / **b**：Hamanaka Flax C原色線（1）1球10g / **c**：Darumaings Café Organic Crochet 20淺駝色（5）・淺茶色（3）各少許

針 3/0號鉤針

完成尺寸

a：長145cm / **b**：長156cm / **c**：長36cm（只有主體）

鉤織重點

各圖樣需先留下約15cm的線進行收針，並以此線用2次捲針縫接縫配件。收針的線頭若離接縫處較遠，可將線穿過背面，移至接縫處。**a** 是以包束的方式，將圖樣加在穗飾上。**o** 則是一邊接縫圖樣的右端一邊鉤織。

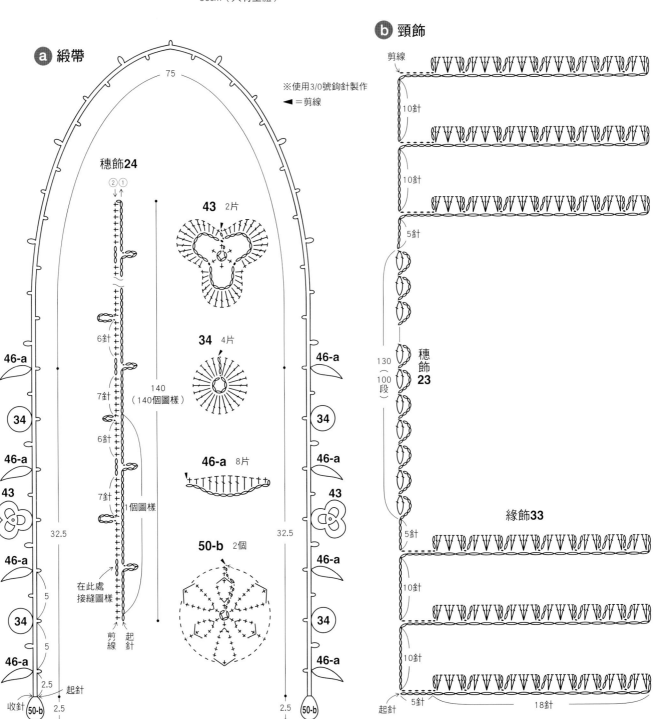

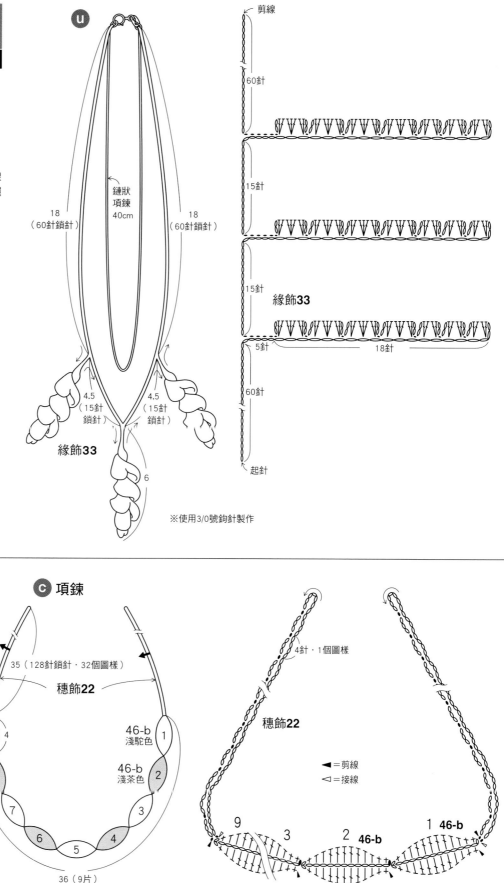

緣飾 33 項鍊

P.59

準備材料

線 Hamanaka Flax C藍色（8）少許
附釦環鏈狀項鍊40cm

針 3/0號鉤針

完成尺寸 長51cm

鉤織重點

請參考P.45製作。使用起針與收針的線
頭，以2次捲針縫接縫在鏈狀項鍊的釦環
上。

u

剪線

60針

15針

15針

緣飾33

5針 ──18針──

60針

起針

※使用3/0號鉤針製作

鏈狀
項鍊
40cm

18
（60針鎖針）

18
（60針鎖針）

4.5
（15針
鎖針）

4.5
（15針
鎖針）

緣飾33

6

130
（100
段）

穗飾
23

緣飾33

6

3

13

起針

c 項鍊

35（128針鎖針・32個圖樣）

穗飾22

9 4

8

7

6

5

4

3

46-b
淺駝色

46-b
淺茶色

1

2

36（9片）

4針・1個圖樣

穗飾22

◀=剪線
◁=接線

9   3   2 **46-b**   1 **46-b**

65

a 圖樣 39 緣飾 26 項鍊
b 圖樣 43・46 穗飾 24 吊飾

c 圖樣 50 穗飾 23 項鍊
d 緣飾 27 項鍊

使用線材◎Hamanaka Flax C　鉤織圖P.67

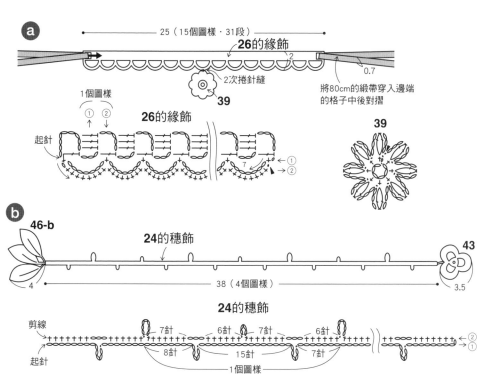

準備材料

線　Hamanaka Flax C：**a・b・c**＝原色線（1）少許 / **c**＝淺紫灰色（5）少許
a；寬7mm的羅紋緞帶160cm / **c・d**：附釦環鏈狀項鍊40cm
針　3/0號鉤針

完成尺寸

a：長25cm（僅主體）/ **b**：長45.5cm
c：長40cm / **d**：長40cm

鉤織重點

各圖樣需留下約15cm的線進行收針，並用2次捲針縫接縫配件。收針線頭若離接縫處較遠，可將線穿過背面，移至接縫處。鉤好 **c** 的穗飾與 **d** 的緣飾後，裝至釦環。

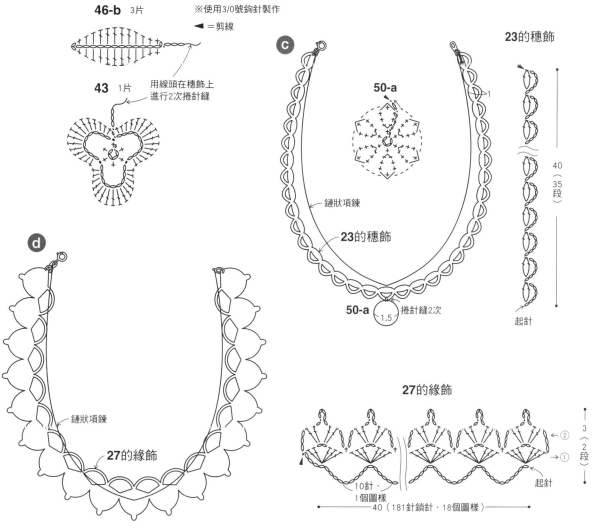

67

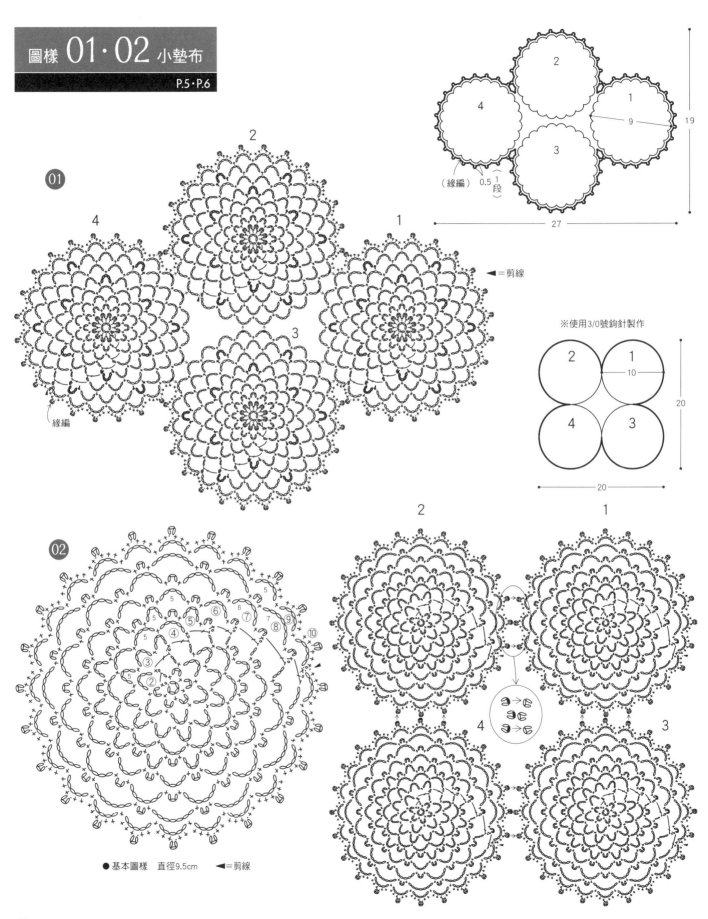

圖樣 **01·02** 小墊布

P.5·P.6

01

02

4

2

1

3

（緣編）

緣編

2

1

4

3

9

19

27

※使用3/0號鉤針製作

2

1

4

3

10

20

20

（緣編） 0.5 1段

◀＝剪線

2

1

4

3

● 基本圖樣　直徑9.5cm　◀＝剪線

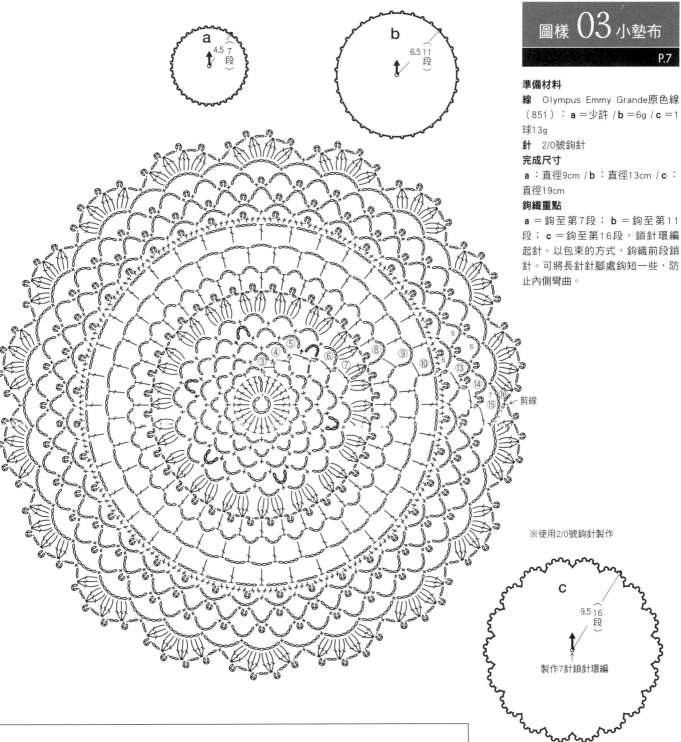

準備材料

線 Olympus Emmy Grande原色線
（851）：**a**＝少許 / **b**＝6g / **c**＝1
球13g

針 2/0號鉤針

完成尺寸

a：直徑9cm / **b**：直徑13cm / **c**：
直徑19cm

鉤織重點

a＝鉤至第7段；**b**＝鉤至第11
段；**c**＝鉤至第16段。鎖針環編
起針。以包束的方式，鉤織前段鎖
針。可將長針針腳處鉤短一些，防
止內側彎曲。

※使用2/0號鉤針製作

製作7針鎖針環編

準備材料

線 **01**＝Hamanaka Flax C原色線（1）1球
13g / **02**＝Olympus Cotton Cuore淺駝色（13）
1球17g / 基本圖樣＝Olympus Emmy Grande原
色線（851）

針 3/0號鉤針 / 基本圖樣：2/0號鉤針

完成尺寸

01：27×19cm / **02**：20×20cm

圖樣尺寸

01：直徑9cm / **02**：直徑10cm / 基本圖樣：
直徑9.5cm

鉤織重點

01的基本圖樣鉤織圖與接縫方法，請參考
P.10。**02**的圖樣：先鉤好第1片織片，在鉤第
2片織片的最後一段時，需一邊鉤織一邊接縫
指定處。接縫方法：以包束的方式，從織片
上面將鉤針穿入束中，再以引拔針接縫。

準備材料

線 Olympus Cotton Cuore淺駝色（13）1球22g

針 3/0號鉤針

完成尺寸 30×20cm

圖樣尺寸 10×10cm

鉤織重點

基本圖樣的鉤織圖。接縫方法請參考P.20與P.21。鎖針環編起針，以包束的方式，鉤織前段鎖針。圖樣的第1片織片先鉤至第7段，並在鉤織編織第2片織片的第7段時，一邊鉤織一邊接縫指定處。第4、5片織片的角落，則一起在第2片織片接縫處的引拔針針目，從織片上方穿針後，將線引拔。

3	2	1
	3/0號鉤針	
6	5	4

10 / 10 / 20 / 30

◀=剪線

準備材料

線 04：Olympus Cotton Cuore黑色（12）2球55g / 05：Hamanaka TiTi Crochet 可可亞色（18）1球22g

針 04：3/0號鉤針 / 05：2/0號鉤針

完成尺寸

04：10×114.5cm / 05：9×63cm

圖樣尺寸

04：直徑9.5cm / 05：直徑9cm

鉤織重點

基本圖樣請參考P.14・P.15。鎖針環編起針，以包束的方式，鉤織前段鎖針。04：圖樣的第1片織片先鉤至第8段，在鉤第2片織片的第8段時，一邊鉤織一邊接縫指定處。接縫方法：以包束的方式，從織片上方將鉤針穿入束中，再以引拔針接縫。鉤完第12片織片之後，開始在邊緣加上短針。05：以04的相同要領鉤織，並從第2片織片開始，需一邊鉤織最後一段一邊接縫。

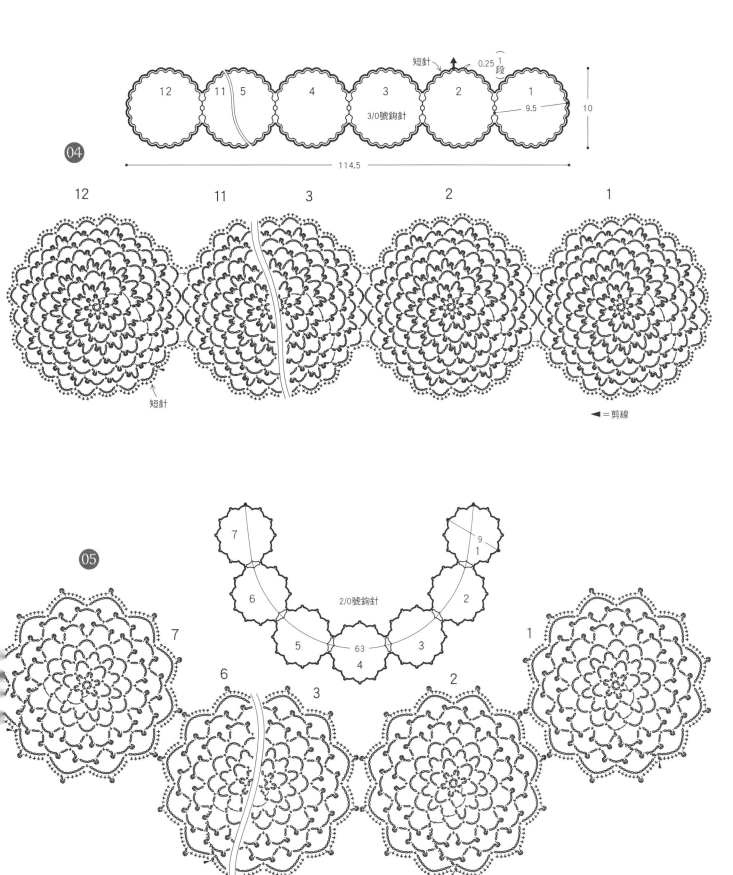

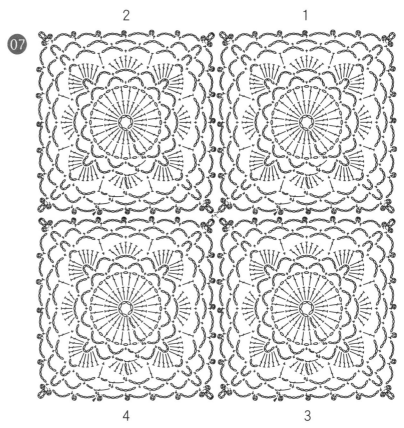

圖樣 07 餐墊
圖樣 08 小墊布
P.17・P.18

準備材料

線 07・08：Olympus Cotton Cuore原色線
（1）1球17g / **08**基本圖樣：Darumaings
Supima Crochet原色線（2）

針 3/0號鉤針 / 基本圖樣：2/0號鉤針

完成尺寸 18×18cm

圖樣尺寸 9×9cm

08基本圖樣 8×8cm

鉤織重點

07的基本圖樣鉤織圖，請參考P.14。鎖針環
編起針，以包束的方式，鉤織前段鎖針。圖
樣需從第2片織片開始，一邊鉤織最後一段一
邊接縫指定處。第3、4片織片的角落，則一
起在第2片織片接縫處的引拔針針目，從織片
上方穿針後，將線引拔。**08**的圖樣，在第4、
5、6段的角落處，各挑起鎖針的半針與裡山
後，鉤入2針。

3/0號鉤針

2	1　9
4	3

9 · 18 · 18

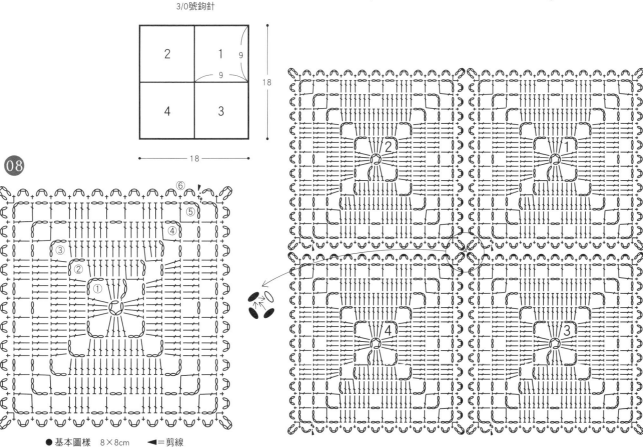

● 基本圖樣 8×8cm　◀ = 剪線

準備材料

線 Olympus Emmy Grande駝色（731）1球
18g / 基本圖樣：原色線（851）

針 2/0號鉤針

完成尺寸 20×20cm

圖樣尺寸 9.5×9.5cm

鉤織重點

鎖針環編起針，以包束的方式，鉤織前段鎖針。長針3併針與引拔小環編的鉤織方法，請參考P.25。圖樣從第2織片開始，一邊鉤織最後一段一邊接縫指定處。第3、4片織片的角落，則一起在第2片織片接縫處的引拔針針目，從織片上方穿入針後，將線引拔。鉤完第4片織片後，開始在邊緣加上短針。

2/0號鉤針

2	1
4	3

9.5

9.5

20

0.5 1段

20

緣編

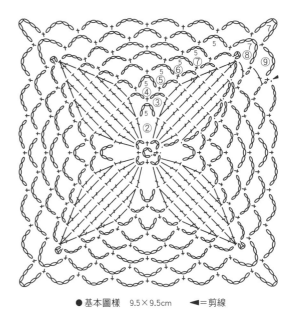

● 基本圖樣　9.5×9.5cm　◀=剪線

緣編

73

準備材料

線　香氛袋：Olympus Cotton Cuore原色線（1）1球11g / **手提包**：Olympus Linen Nature淺茶色（3）2球75g / **基本圖樣**：Olympus Emmy Grande原色線（851）/ **吊飾**：Darumaings Café Organic Crochet 20淺駝色（5）少許 / 寬3mm的羅紋緞帶30cm（香氛袋使用）

針　3/0號鉤針 / 基本圖樣：2/0號鉤針

完成尺寸　香氛袋：9.5×9.5cm / **手提包**：20.5×約21cm / **吊飾**：長32cm

圖樣尺寸　香氛袋：9×9cm / **手提包**：10×10cm / 基本圖樣：8.5×8.5cm

鉤織重點

10的圖樣以鎖針環編起針。以包束的方式，鉤織前段鎖針。**香氛袋**：先鉤好2片織片，再參考下方圖示，將2片織片背面相對疊合，留下開口後接縫。於第6段穿過緞帶。**手提包**：圖樣從第2片織片開始，一邊鉤織最後一段一邊接縫指定處。第3、4片的角落，則一起在第2片織片接縫處的引拔針針目，從織片上方穿針後，將線引拔。然後將2片已接縫4片圖樣的主體，背面相對疊合，以短針接縫兩側邊及底部，接著在開口處，鉤織2段短針。以短針鉤織提把，並以捲針縫作成筒狀。最後，以藏針縫將提把固定在開口處。**吊飾**：鉤織完指定的配件後，留下收針線頭後組合配件。

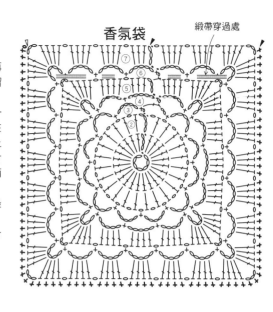

香氛袋　　緞帶穿過處

● 以短針接縫織片

1 在2片已背面相對疊合的織片角落，以包束的方式，將鉤針穿入，掛線後引拔。

2 鉤針掛線。

3 鉤1針立起鎖針。

4 在同一個空隙中，鉤1針短針。

5 下一針目，將鉤針穿入2片織片的長針針頭處。

6 鉤1針短針。

7 在各個長針上，鉤1針短針。

8 跳過鎖針後，鉤1針短針。

9 一直鉤至底部角落的情形。

10 以包束的方式，挑起角落處的鎖針鉤織。

11 接縫三邊後，將鉤針掛線並引拔。

12 拉長至一定長度後剪斷，處理線尾。

完成（正面）

完成（背面）

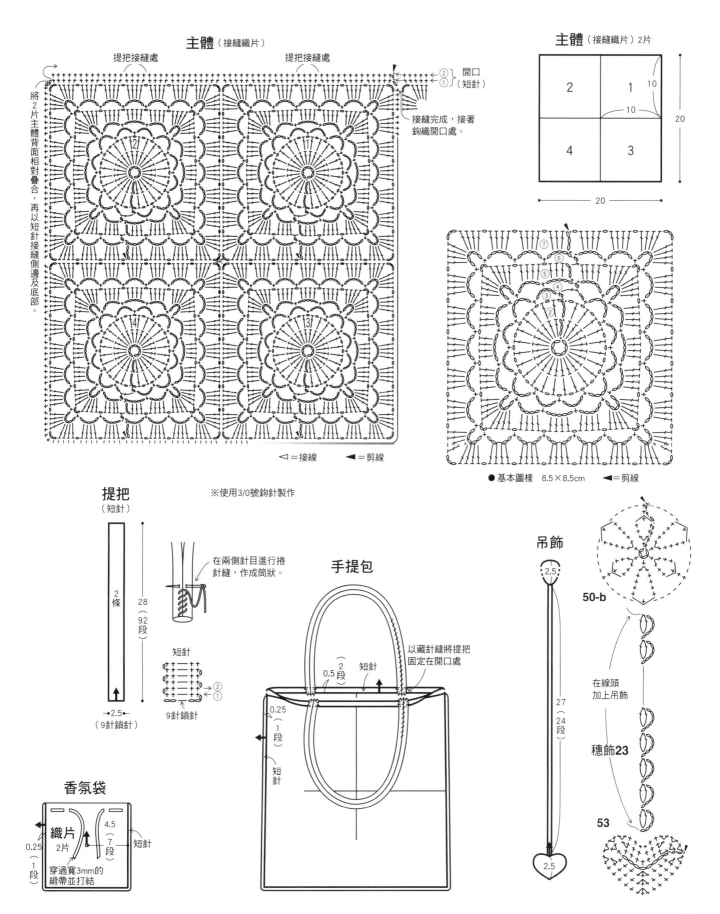

主體（接縫織片）

提把接縫處　　　　　提把接縫處

②① 開口（短針）

接縫完成，接著鉤織開口處。

將2片主體背面相對疊合，再以短針接縫側邊及底部。

◁＝接線　◀＝剪線

主體（接縫織片）2片

2	1
4	3

10
10
20
20

● 基本圖樣　8.5×8.5cm　◀＝剪線

提把（短針）

2條
28（92段）
2.5（9針鎖針）

※使用3/0號鉤針製作

在兩側針目進行捲針縫，作成筒狀。

短針
②①
9針鎖針

手提包

0.5 2段
短針
0.25 1段
短針

以藏針縫將提把固定在開口處

吊飾

2.5
27（24段）
2.5

50-b

在線頭加上吊飾

穗飾23

53

香氛袋

織片 2片
4.5（7段）
短針
0.25（1段）
穿過寬3mm的緞帶並打結

75

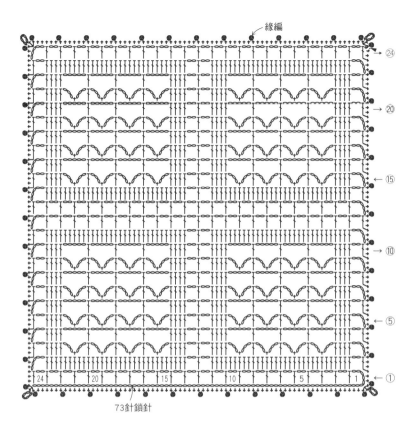

緣編

73針鎖針

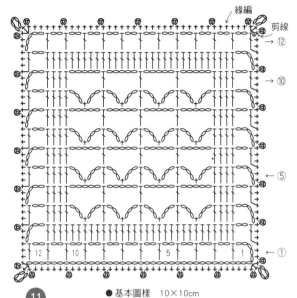

緣編

剪線

●基本圖樣　10×10cm

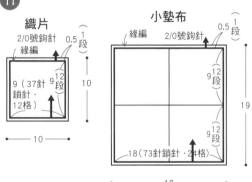

11

織片

2/0號鉤針
緣編
0.5 {1段
9（37針
鎖針·
12格）
9 {12段
10
10

小墊布

緣編
2/0號鉤針
0.5 {1段
9 {12段
9 {12段
18（73針鎖針·24格）
19
19

準備材料

線 **11**：Darumaings Supima Crochet淺駝色（3）1球14g /
12·13：Olympus Cotton Cuore原色線（1）1球21g / 基本
圖樣：Darumaings Supima Crochet原色線（2）
針 **12·13**：3/0號鉤針 / **11·12·13**的基本圖樣：2/0號
鉤針
完成尺寸
11：19×19cm / **12·13**：20×20cm
圖樣尺寸
12·13的小墊布：10×10cm
基本圖樣 **11**：10×10cm / **12·13**：10.5×10.5cm
鉤織重點
各圖樣以鎖針起針後，挑起起針鎖針的半針與裡山鉤織。
鉤織前段鎖針時，以包束的方式進行鉤織。**11**：鉤完主
體後，進行緣編，在鎖針針目與段的中間，以包束的方式
鉤織，長針處則是挑起針頭（1條線）進行鉤織。角落的
3針短針，則以挑起鎖針的半針與裡山鉤織。**13**：請參考
P.24·P.25製作。**12·13**：從第2片織片開始，一邊鉤織最
後一段一邊接縫指定處。第3、4片織片的角落，則一起在
第2片織片接縫處的引拔針針目，從織片上方穿針後，將線
引拔。

12 **13**

◀＝剪線

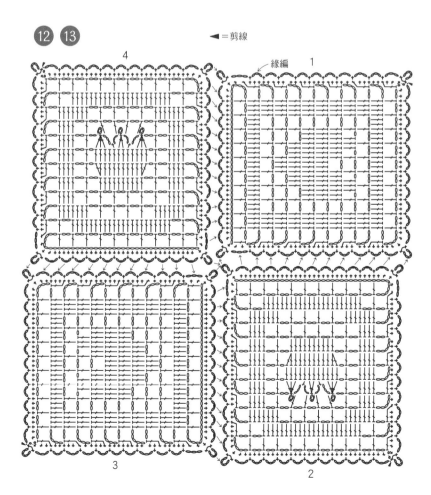

緣編

4

1

3

2

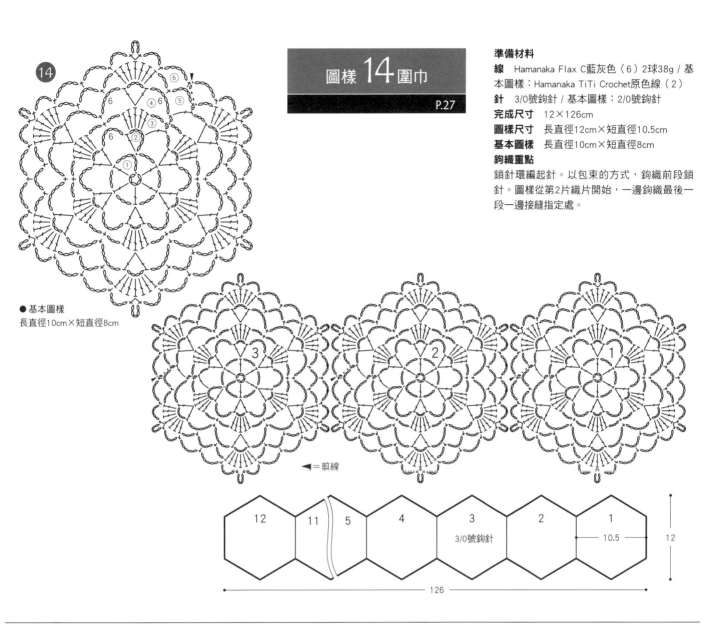

P.27

準備材料

線　Hamanaka Flax C藍灰色（6）2球38g／基本圖樣：Hamanaka TiTi Crochet原色線（2）

針　3/0號鉤針／基本圖樣：2/0號鉤針

完成尺寸　12×126cm

圖樣尺寸　長直徑12cm×短直徑10.5cm

基本圖樣　長直徑10cm×短直徑8cm

鉤織重點

鎖針環編起針。以包束的方式，鉤織前段鎖針。圖樣從第2片織片開始，一邊鉤織最後一段一邊接縫指定處。

● 基本圖樣
長直徑10cm×短直徑8cm

◀=剪線

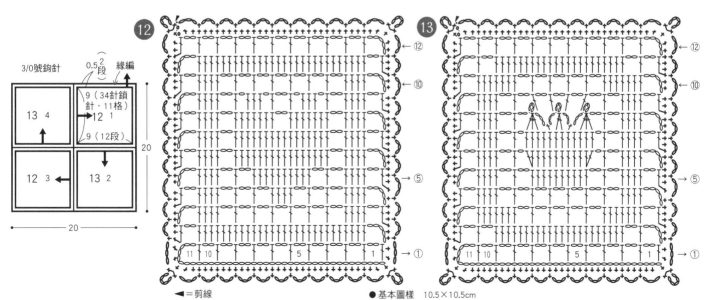

◀=剪線　　　● 基本圖樣　10.5×10.5cm

圖樣 **15** 小墊布・小披肩
P.28・P.29

準備材料

線 Olympus Cotton Cuore：**小墊布**＝原色線
（1）1球10g・**小披肩**＝茶紅色（16）2球44g
/ 基本圖樣：Hamanaka TiTi Crochet原色線
（2）

針 3/0號鉤針 / 基本圖樣：2/0號鉤針

完成尺寸 小墊布：19×19cm / **小披肩**：
18×72cm

圖樣尺寸 長直徑10.5cm×短直徑9cm

基本圖樣 長直徑10cm×短直徑8.5cm

鉤織重點

鎖針環編起針，以包束的方式，鉤織前段鎖
針。圖樣從第2片織片開始，需一邊鉤織最後
一段一邊接縫指定處。小墊布在接縫完3片織
片後，再開始進行緣編。

小披肩　3/0號鉤針

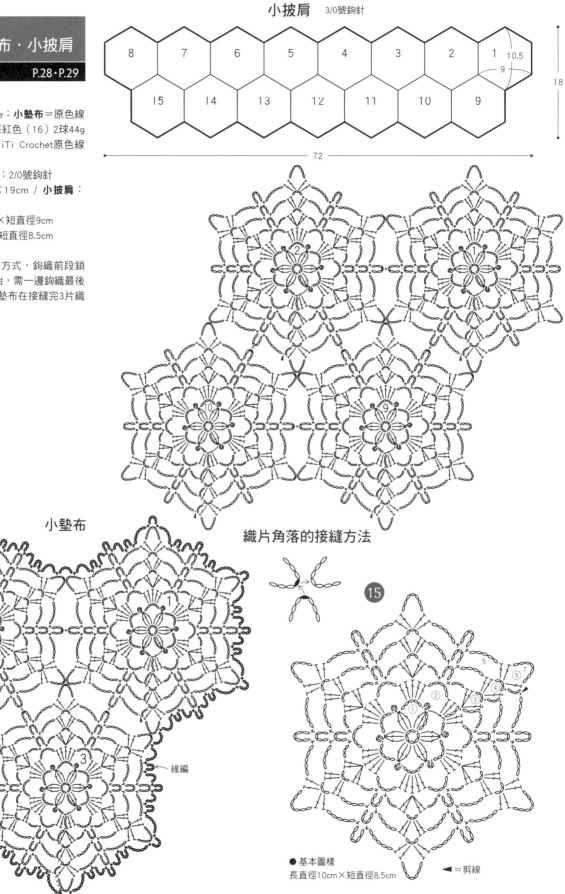

小墊布

織片角落的接縫方法

←緣編

●基本圖樣
長直徑10cm×短直徑8.5cm

◀＝剪線

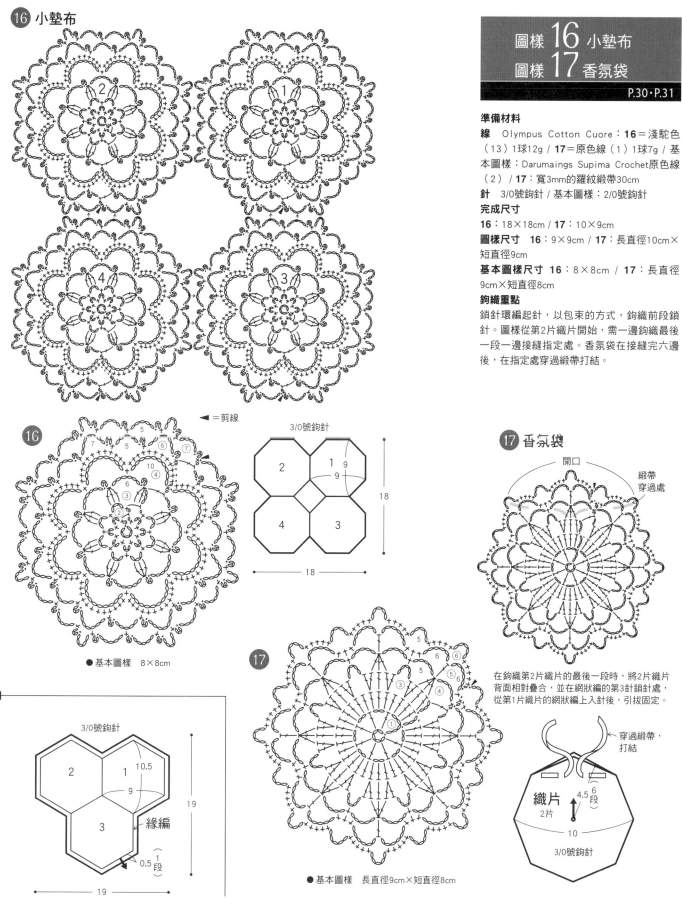

⑯ 小墊布

圖樣 16 小墊布
圖樣 17 香氛袋
P.30・P.31

準備材料
線 Olympus Cotton Cuore：**16**＝淺駝色
（13）1球12g / **17**＝原色線（1）1球7g / 基
本圖樣：Darumaings Supima Crochet原色線
（2）/ **17**：寬3mm的羅紋緞帶30cm
針 3/0號鉤針 / 基本圖樣：2/0號鉤針
完成尺寸
16：18×18cm / **17**：10×9cm
圖樣尺寸 **16**：9×9cm / **17**：長直徑10cm×
短直徑9cm
基本圖樣尺寸 **16**：8×8cm / **17**：長直徑
9cm×短直徑8cm
鉤織重點
鎖針環編起針，以包束的方式，鉤織前段鎖
針。圖樣從第2片織片開始，需一邊鉤織最後
一段一邊接縫指定處。香氛袋在接縫完六邊
後，在指定處穿過緞帶打結。

◀ ＝剪線

3/0號鉤針

18

18

⑯

● 基本圖樣 8×8cm

⑰ 香氛袋

開口

緞帶
穿過處

在鉤織第2片織片的最後一段時，將2片織片
背面相對疊合，並在網狀編的第3針鎖針處，
從第1片織片的網狀編上入針後，引拔固定。

穿過緞帶，
打結

織片
2片

4.5

6
段

10

3/0號鉤針

⑰

● 基本圖樣 長直徑9cm×短直徑8cm

3/0號鉤針

10.5

9

緣編

19

19

（1）
0.5 段

基礎作法

◯ 鎖針

1 將鉤針依箭頭方向移動，並掛線。

2 從針目中將線引拔（這樣就可以鉤出1針鎖針）。

3 接著重複步驟1·2。

4 重複「掛線、引拔」的動作，鉤完指定針數。

● 引拔針

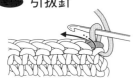  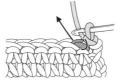 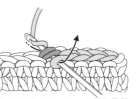

1 將鉤線放對面，在前段針目的針頭（2條線）穿入鉤針。

2 鉤針掛線，依箭頭所示將線引拔。

3 第2針也在前段針目的針頭（2條線）穿入鉤針，掛線後，將線引拔。

4 重複步驟3。由於線材容易緊縮，需將線拉鬆。

✛ 短針

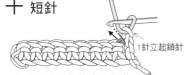  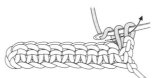 

1 在前段針目的針頭（2條線）中穿入鉤針。

2 掛線後，依箭頭所示將線引拔。

3 再次掛線，將線從2個線圈中引拔。

4 就完成短針。重複步驟1至3至指定針數。

⊤ 中長針

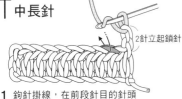 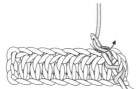 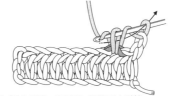 

1 鉤針掛線，在前段針目的針頭（2條線）中穿入鉤針。

2 再次掛線，將線引拔。

3 再次掛線，將線從3條線圈中引拔。

4 完成中長針。

⊤ 長針

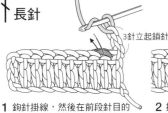 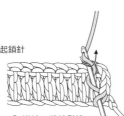 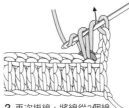  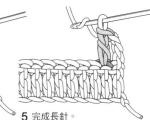

1 鉤針掛線，然後在前段針目的針頭（2條線）中穿入鉤針。

2 掛線，將線引拔。

3 再次掛線，將線從2個線圈中引拔。

4 再次掛線，將線從2個線圈中引拔。

5 完成長針。

⋏ 短針2併針

 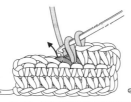 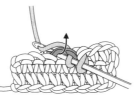 

1 在前段針目的針頭（2條線）中穿入鉤針，並用鉤針掛線，依箭頭所示將線引拔。

2 下一針也在前段針目的針頭（2條線）中穿入鉤針。

3 鉤針掛線，將線引拔。

4 再次掛線，將線從3個線圈中引拔。

5 完成短針2併針（減1針）。

長針3併針

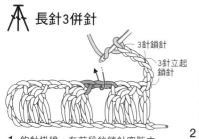
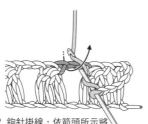
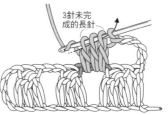

3針鎖針
3針立起鎖針

3針未完成的長針

1 鉤針掛線，在前段的鎖針空隙中穿入鉤針。

2 鉤針掛線，依箭頭所示將線引拔，鉤出1針未完成的長針。

3 共鉤出3針未完成的長針後，再掛線。

4 將線從4個線圈中引拔，完成長針3併針（減2針）。

長針2併針

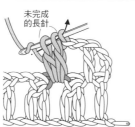
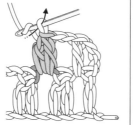

未完成的長針

1 鉤針掛線，在前段的鎖針空隙中穿入鉤針，再次掛線，依箭頭所示將線引拔，鉤出1針未完成的長針。

2 共鉤出2針未完成的長針後，再掛線。

3 將線從3個線圈中引拔，完成長針2併針（減1針）。

3針長針之玉針（鉤入1針目裡）

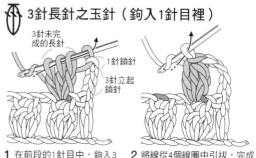

3針未完成的長針
1針鎖針
3針立起鎖針

1 在前段的1針目中，鉤入3針未完成的長針後，再掛線。

2 將線從4個線圈中引拔，完成3針長針之玉針。

長針4針之扇型編

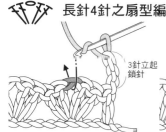
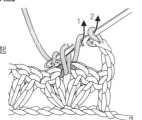
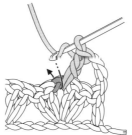
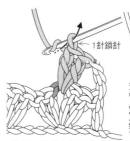
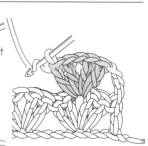

3針立起鎖針
1針鎖針

1 鉤針掛線，在前段的鎖針空隙中穿入鉤針。

2 鉤針掛線並引拔。再一次掛線，將線從2個線圈中引拔。

3 再次掛線，將線從2個線圈中引拔（1針長針）。

4 下一針也在前段的鎖針空隙中鉤出1針長針，再鉤1針鎖針。

5 在相同處，重複步驟1至4，鉤出2針長針。完成4針長針之扇型編。

鎖針3針的引拔小環編

在短針上鉤織

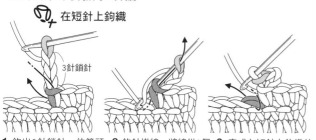

3針鎖針

1 鉤出3針鎖針，依箭頭所示，挑起短針的針頭與針尾，穿入鉤針。

2 鉤針掛線，將線從3個線圈中引拔。

3 完成在短針上鉤織的3針鎖針的引拔小環編。

在長針上鉤織

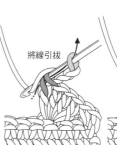
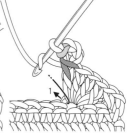

3針鎖針
將線引拔

1 鉤出3針鎖針，依箭頭所示，挑起長針的針頭與針尾，穿入鉤針。

2 鉤針掛線，將線從3個線圈中引拔。

3 完成在長針上鉤織的3針鎖針的引拔小環編。

在網狀編上鉤織

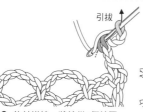
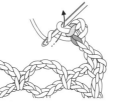

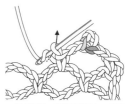

3針鎖針
3針鎖針
引拔
2針鎖針

1 鉤織3針鎖針，依箭頭所示穿入鉤針。

2 鉤針掛線，將線從3個線圈中引拔。

3 鉤織2針鎖針。

4 完成在網狀編上鉤織的3針鎖針的引拔小環編。

5 在下一個網狀編上，以包束的方式，鉤1針短針。

【Knit・愛鉤織】05

從一枚花樣開始學蕾絲鉤織（暢銷版）

54種圖樣&65款作品拼接而成的蕾絲鉤織Life

作　　者／風工房
譯　　者／陳冠貴
發 行 人／詹慶和
總 編 輯／蔡麗玲
執行編輯／陳姿伶
編　　輯／蔡毓玲・劉蕙寧・黃璟安・李佳穎・李宛真
封面設計／韓欣恬
美術編輯／陳麗娜・周盈汝
出 版 者／雅書堂文化事業有限公司
發 行 者／雅書堂文化事業有限公司
郵撥帳號／18225950　戶名：雅書堂文化事業有限公司
地　　址／220新北市板橋區板新路206號3樓
網　　址／www.elegantbooks.com.tw
電子郵件／elegant.books@msa.hinet.net
電　　話／(02) 8952-4078
傳　　真／(02) 8952-4084

2016年10月二版一刷　定價 320 元

MOTIF 1-MAI KARA HAJIMERU HAJIMETE NO CROCHET LACE
Copyright© Kazekobo© Nihon Vogue Co.,Ltd.2010
All rights reserved.
Photographer:Yasuo Nagumo
Original Japanese edition published in Japan by Nihon Vogue Co., Ltd.
Traditional Chinese translation rights arranged with Nihon Vogue Co., Ltd.
through Keio Cultural Enterprise Co., Ltd.
Traditional Chinese edition copyright © 2011 by Elegant Books Cultural
Enterprise Co., Ltd.

總 經 銷／朝日文化事業有限公司
進退貨地址／235新北市中和區橋安街15巷1號7樓
電　　話／(02) 2249-7714　傳　　真／(02) 2249-8715

Special Thanks

我常以編織的方式來思考設計。只要試著鉤出許多東西，並在製作的過程中，思考線的拉力與用力程度等，就會讓手自然的動起來。因為有許多小型的圖樣，試著鉤織也很簡單。想要習慣線材的使用，請先試著鉤織看看吧！
最後，感謝協助作品製作的各位、為作品拍下漂亮照片的南雲先生、負責搭配的繪內小姐、書籍設計的加藤小姐，有了大家的幫忙才能完成此書，真的非常感謝你們。

風工房

國家圖書館出版品預行編目資料

從一枚花樣開始學蕾絲鉤織：54種圖樣&65款作品拼接而成的蕾絲鉤織Life / 風工房著；陳冠貴譯.
-- 二版. -- 新北市：雅書堂文化, 2016.10
　面；　公分. -- (Knit・愛鉤織；5)
譯自：モチーフ1枚から始める はじめてのクロッシェレース
ISBN 978-986-302-323-4(平裝)

1. 編織　2. 裝飾品　3. 手工藝

426.4　　　　　　　　　　　　　105014747

Crochet Lace

Crochet Lace

Crochet Lace